冀研 28 号

冀研 8 号

冀研 19 号

皇冠椒

金太阳

紫星椒

1

奶油椒

辣椒育苗设施小暖窖

修整辣椒育苗地畦

辣椒小暖窖地畦育苗

2

辣椒营养钵育苗

装好基质的穴盘

辣椒穴盘育苗

3

辣椒地膜覆盖栽培

辣椒与棉花套种示范田

辣椒塑料大棚栽培

辣椒栽培滴灌
管道连接

辣椒栽培滴灌
主管道设备

辣椒栽培滴灌吸肥器

辣椒栽培滴灌管道铺设

5

辣椒栽培采用
熊蜂授粉

辣椒吊蔓栽培

辣椒 4 干整枝

辣椒栽培设防虫网

辣椒花叶型病毒病危害状

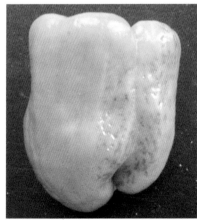

辣椒病毒病病果

辣椒疫病田间发病情况

辣椒灰霉病危害状

辣椒日灼病病果

北方蔬菜周年生产技术丛书

辣椒周年生产关键技术问答

范妍芹 编 著

金盾出版社

内 容 提 要

本书是"北方蔬菜周年生产技术丛书"的一个分册,以问答的形式对辣椒周年生产中的关键技术作了较详细的解答。内容包括:概述,辣椒的植物学特性与栽培环境的关系,辣椒周年生产茬口安排与优良品种选择,辣椒育苗技术,露地、塑料拱棚、日光温室辣椒栽培关键技术,日光温室彩色甜椒栽培关键技术,辣椒病虫害防治技术,辣椒贮藏保鲜技术等。内容通俗易懂,科学性和可操作性强,适合广大菜农和基层农业技术人员学习使用,亦可供农业院校相关专业师生阅读。

图书在版编目(CIP)数据

辣椒周年生产关键技术问答/范妍芹编著. -- 北京:金盾出版社,2013.1
(北方蔬菜周年生产技术丛书)
ISBN 978-7-5082-7822-3

Ⅰ.①辣… Ⅱ.①范… Ⅲ.①辣椒—蔬菜园艺—问题解答
Ⅳ.①S641.3-44

中国版本图书馆 CIP 数据核字(2012)第 176758 号

金盾出版社出版、总发行
北京太平路 5 号(地铁万寿路站往南)
邮政编码:100036 电话:68214039 83219215
传真:68276683 网址:www.jdcbs.cn
封面印刷:北京精美彩色印刷有限公司
彩页正文印刷:北京燕华印刷厂
装订:北京燕华印刷厂
各地新华书店经销
开本:850×1168 1/32 印张:5.875 彩页:8 字数:130 千字
2013 年 1 月第 1 版第 1 次印刷
印数:1~6 000 册 定价:12.00 元
(凡购买金盾出版社的图书,如有缺页、
倒页、脱页者,本社发行部负责调换)

目　录

一、概述 ………………………………………………………（1）

 1.辣椒原产地在何处? ………………………………………（1）

 2.辣椒在我国有多长的栽培历史? ………………………（1）

 3.辣椒品种是如何分类的? …………………………………（1）

 4.甜椒与辣椒有什么不同? …………………………………（2）

 5.辣椒果实中含有哪些主要营养成分? …………………（3）

 6.辣椒有哪些用途? …………………………………………（3）

 7.目前我国辣椒生产现状如何? …………………………（4）

 8.辣椒为什么适宜规模化生产? …………………………（4）

 9.目前辣椒生产中存在的主要问题是什么? ……………（5）

 10.什么是无公害辣椒? ……………………………………（5）

 11.什么是绿色辣椒食品? …………………………………（6）

 12.绿色辣椒食品是怎样分类的? …………………………（7）

 13.什么是有机辣椒? ………………………………………（7）

 14.有机辣椒的市场前景如何? ……………………………（8）

 15.什么是农民专业合作经济组织? ………………………（8）

 16.农民专业合作经济组织在蔬菜生产中有什么

  作用? …………………………………………………（9）

二、辣椒的植物学特性与栽培环境的关系 ………………（10）

 1.辣椒的根系有什么特点和作用? ………………………（10）

 2.辣椒的茎有什么特点和功能? …………………………（10）

 3.辣椒的分枝结果习性有哪些类型? ……………………（11）

 4.辣椒的叶有什么特点和功能? …………………………（11）

 5.辣椒的花有什么特点? …………………………………（12）

目 录

6.辣椒的果实有什么特点？ ……………………………（13）

7.辣椒的种子有什么特点？ ……………………………（14）

8.辣椒一生分哪几个生长发育阶段？ …………………（14）

9.什么是辣椒的发芽期？辣椒发芽期要求什么生长

条件？ …………………………………………………（14）

10.什么是辣椒的幼苗期？辣椒花芽分化是如何

进行的？ ……………………………………………（15）

11.辣椒花芽分化阶段对外界环境条件有哪些要求？ ……（16）

12.什么是辣椒的开花坐果期？此期如何保证秧果

协调生长？ …………………………………………（17）

13.什么是辣椒的果实发育成熟期？果实发育成熟

分为几个时期？ ……………………………………（17）

14.为什么要调节辣椒的营养生长与生殖生长的

关系？ ………………………………………………（18）

15.辣椒的生长发育对环境条件的总体要求是什么？ ……（18）

16.辣椒各生育期对温度有什么要求？ …………………（19）

17.辣椒生长对光照有什么要求？ ………………………（19）

18.辣椒生长对水分有什么要求？ ………………………（20）

19.辣椒生长发育对养分有什么要求？ …………………（21）

20.如何在辣椒各生育期进行合理施肥？ ………………（22）

21.辣椒种植对土壤有什么要求？ ………………………（22）

22.外界环境条件对辣椒开花结果有何影响？ …………（22）

23.外界环境条件对辣椒果实的发育成熟有何影响？ ……（23）

三、辣椒周年生产茬口安排与优良品种选择…………………（25）

1.辣椒生产有哪些茬口？ ………………………………（25）

2.辣椒周年生产如何安排栽培茬口？ …………………（25）

3.辣椒在引种和购买种子时应注意什么问题？ ………（26）

4.不同栽培形式对辣椒的品种特性有什么要求？ ………（27）

5. 目前适合我国北方保护地和露地栽培的甜椒优良品种
　　有哪些？其特性如何？ …………………………………（27）

6. 目前适合我国北方保护地和露地栽培的辣椒优良品种
　　有哪些？其特性如何？ …………………………………（31）

7. 彩色椒有哪些品种？其特性如何？ ……………………（32）

四、辣椒育苗技术 ……………………………………………（34）

1. 生产上种植辣椒为什么要育苗？ ………………………（34）

2. 为什么要培育辣椒适龄壮苗？ …………………………（34）

3. 辣椒适龄壮苗有什么特点？ ……………………………（35）

4. 辣椒徒长苗和老化苗各有什么特点？ …………………（35）

5. 培育辣椒适龄壮苗需要哪些条件？ ……………………（36）

6. 常用的辣椒育苗设施有哪些？ …………………………（36）

7. 阳畦和改良阳畦各有什么特点？ ………………………（36）

8. 温室有什么特点？ ………………………………………（37）

9. 遮阳棚有什么特点？ ……………………………………（37）

10. 辣椒生产常用的育苗方式有哪些？生产中如何
　　　选择育苗方式？ ……………………………………（38）

11. 什么是穴盘育苗？穴盘育苗有什么优越性？ …………（39）

12. 如何选择穴盘及配制育苗基质？ ………………………（40）

13. 辣椒对育苗床土壤有什么要求？ ………………………（40）

14. 使用塑料营养钵育苗应如何配制营养土？ ……………（41）

15. 如何对苗床土进行消毒？ ………………………………（41）

16. 如何确定辣椒种子的播种量和播种日期？ ……………（42）

17. 如何对辣椒种子上携带的病原菌进行消毒处理？ ……（43）

18. 如何对辣椒进行浸种催芽？ ……………………………（43）

19. 辣椒如何进行播种？ ……………………………………（44）

20. 辣椒播种后覆土多厚为宜？ ……………………………（44）

21. 辣椒播种后出苗前容易出现哪些问题？ ………………（45）

22. 辣椒播种后温度如何管理？ ……………………………（46）

23. 辣椒播种后水分如何管理？ ……………………………（47）

24. 辣椒播种后光照如何管理？ ……………………………（47）

25. 辣椒播种后如何进行通风？ ……………………………（47）

26. 辣椒在苗期如何进行施肥管理？ ………………………（48）

27. 辣椒出苗后为什么要及时间苗？辣椒间苗应注意
　　哪些问题？ ……………………………………………（48）

28. 辣椒为什么要分苗？辣椒如何进行分苗？ ……………（49）

29. 辣椒分苗后如何进行田间管理？ ………………………（50）

30. 辣椒育苗期间如何预防形成徒长苗？ …………………（51）

31. 辣椒育苗期间如何预防形成老化苗？ …………………（51）

32. 辣椒为什么要进行秧苗锻炼？ …………………………（51）

33. 辣椒在低温期和高温期如何进行秧苗锻炼？ …………（52）

34. 什么是烤苗现象？辣椒出现烤苗现象的补救方法
　　是什么？ ………………………………………………（53）

35. 什么是闪苗现象？辣椒出现闪苗现象的补救方法
　　是什么？ ………………………………………………（54）

36. 辣椒育苗期间遇到不利天气应如何管理？ ……………（54）

五、露地辣椒栽培关键技术………………………………………（55）

1. 露地辣椒栽培有哪几种形式？ …………………………（55）

2. 如何选择露地辣椒栽培品种？ …………………………（55）

3. 露地辣椒栽培对育苗有哪些要求？ ……………………（56）

4. 如何确定露地辣椒栽培的育苗期？ ……………………（57）

5. 露地栽培辣椒采用地膜覆盖有什么优越性？ …………（57）

6. 如何选择辣椒的定植地块？ ……………………………（58）

7. 辣椒地膜覆盖栽培如何整地施肥？ ……………………（59）

8. 辣椒地膜覆盖栽培如何覆盖地膜？ ……………………（59）

9. 辣椒地膜覆盖栽培如何喷施除草剂？ …………………（60）

10. 如何确定露地辣椒定植日期？ ……………………… (60)

11. 辣椒栽培为什么要合理密植？如何确定定植
　　密度？ …………………………………………… (60)

12. 辣椒地膜覆盖栽培应怎样定植？ ………………… (61)

13. 露地辣椒定植后至蹲苗期如何进行田间管理？ … (61)

14. 露地辣椒蹲苗后至雨季前应如何进行肥水管理？ … (62)

15. 炎夏雨季如何对辣椒进行管理？ ………………… (63)

16. 如何对露地辣椒进行秋季管理？ ………………… (64)

17. 辣椒地膜覆盖栽培与露地栽培管理上的不同
　　点有哪些？ ……………………………………… (65)

18. 露地辣椒栽培应采取哪些管理措施应对不利的
　　天气条件？ ……………………………………… (66)

19. 露地辣椒落花落果的原因是什么？如何预防露地
　　辣椒落花落果？ ………………………………… (66)

20. 鲜食辣椒果实什么时期采收适宜？ ……………… (67)

21. 辣椒能与其他作物间作吗？ ……………………… (68)

22. 辣椒与棉花间作关键技术有哪些？ ……………… (68)

六、塑料拱棚辣椒栽培关键技术 ……………………… (71)

1. 拱棚可分为几种类型？主要茬口有哪些？ ……… (71)

2. 小拱棚辣椒栽培有什么技术特点？ ……………… (71)

3. 小拱棚辣椒栽培要特别注意哪些问题？ ………… (72)

4. 大中棚春提早辣椒栽培如何选择品种？ ………… (72)

5. 大中棚春提早辣椒栽培如何确定育苗期？ ……… (72)

6. 大中棚春提早辣椒栽培对育苗有哪些要求？ …… (73)

7. 大中棚辣椒栽培冬春季育苗如何进行苗床管理？ … (73)

8. 大中棚春提早辣椒如何整地、施肥、做畦？ …… (75)

9. 大中棚春提早辣椒如何进行定植？ ……………… (75)

10. 大中棚春提早辣椒定植后如何进行温度管理？ … (76)

11.大中棚春提早辣椒定植后如何进行水分管理？………(77)

12.大中棚春提早辣椒定植后如何进行追肥？………(77)

13.大中棚春提早辣椒栽培如何保花保果？………(78)

14.什么是熊蜂授粉技术？利用熊蜂授粉技术保花保果
　有什么优越性？………(79)

15.大棚春提早辣椒栽培如何利用熊蜂授粉技术保花
　保果？………(80)

16.辣椒生长期为什么要进行叶面追肥？辣椒叶面追肥
　有哪些优越性？………(81)

17.辣椒在哪个生长阶段叶面追肥效果好？………(81)

18.哪些肥料适宜辣椒叶面追肥？………(82)

19.什么是滴灌技术？大棚辣椒栽培采用滴灌技术有
　什么优越性？………(82)

20.大棚辣椒栽培如何采用滴灌技术浇水？………(84)

21.大棚辣椒如何采用水肥一体化滴灌技术？………(84)

22.大棚辣椒栽培采用滴灌技术应注意哪些事项？………(85)

23.大棚秋延后辣椒栽培如何选择品种？………(85)

24.大棚秋延后辣椒栽培如何选择育苗设施？………(86)

25.大棚秋延后辣椒栽培育苗应注意什么问题？………(86)

26.大棚秋延后辣椒栽培育苗期如何防治病虫害？………(87)

27.大棚秋延后辣椒如何进行定植？………(88)

28.大棚秋延后辣椒定植后如何进行温度管理？………(89)

29.大棚秋延后辣椒定植后如何进行水分管理？………(89)

30.大棚秋延后辣椒定植后如何进行肥料管理？………(90)

31.大棚秋延后辣椒定植后如何防止徒长？………(90)

32.大棚秋延后辣椒定植后如何进行保花保果？………(90)

33.大棚秋延后辣椒生长期间如何预防病虫害？………(91)

七、日光温室辣椒栽培关键技术……………………………（93）

　　1. 日光温室辣椒栽培有什么特点？　………………………（93）

　　2. 日光温室辣椒栽培如何改良土壤、培肥地力？…………（93）

　　3. 如何对日光温室进行消毒？　……………………………（94）

　　4. 日光温室辣椒栽培采用高垄地膜覆盖有什么

　　　优越性？　………………………………………………（96）

　　5. 日光温室辣椒栽培主要茬口有哪些？　…………………（97）

　　6. 日光温室冬春茬辣椒栽培如何选择品种？　……………（97）

　　7. 如何确定日光温室冬春茬辣椒育苗期？　………………（97）

　　8. 日光温室冬春茬辣椒育苗应注意什么问题？　…………（98）

　　9. 日光温室冬春茬辣椒定植前如何整地施肥？　…………（99）

　　10. 日光温室冬春茬辣椒栽培如何定植？　…………………（99）

　　11. 日光温室冬春茬辣椒栽培如何进行田间管理？　………（100）

　　12. 日光温室冬春茬辣椒栽培如何保花保果？　……………（101）

　　13. 日光温室冬春茬辣椒栽培采用膜下滴灌有什么

　　　优越性？　………………………………………………（102）

　　14. 日光温室秋冬茬辣椒栽培如何选择品种？　……………（103）

　　15. 日光温室秋冬茬辣椒栽培如何育苗？　…………………（103）

　　16. 日光温室秋冬茬辣椒定植前如何整地、施肥？………（104）

　　17. 日光温室秋冬茬辣椒栽培如何定植？　…………………（104）

　　18. 日光温室秋冬茬辣椒生长前期如何进行田间

　　　管理？　…………………………………………………（104）

　　19. 日光温室秋冬茬辣椒生长中期如何进行田间

　　　管理？　…………………………………………………（106）

　　20. 日光温室秋冬茬辣椒生长后期如何进行田间

　　　管理？　…………………………………………………（107）

　　21. 日光温室越冬一大茬辣椒栽培如何选择品种？…………（108）

　　22. 日光温室越冬一大茬辣椒栽培如何育苗？　……………（108）

23.日光温室越冬一大茬辣椒栽培如何选用日光
　　温室？ …………………………………………………（109）

24.日光温室越冬一大茬辣椒栽培如何整地施肥？ ……（109）

25.日光温室越冬一大茬辣椒栽培如何定植？ …………（110）

26.日光温室越冬一大茬辣椒栽培田间管理特点
　　是什么？ ………………………………………………（110）

27.日光温室越冬一大茬辣椒栽培为什么要进行植株
　　调整？如何进行植株调整？ ………………………（111）

28.日光温室越冬一大茬辣椒栽培如何进行吊枝？ ……（111）

29.日光温室越冬一大茬辣椒栽培如何进行整枝？ ……（112）

30.日光温室越冬一大茬辣椒栽培深冬阶段如何
　　管理？ …………………………………………………（113）

31.日光温室越冬一大茬辣椒栽培春季天气转暖后
　　如何管理？ ……………………………………………（115）

32.辣椒冬春低温季节栽培哪些因素容易引起棚室内
　　湿度过大？如何预防？ ………………………………（116）

33.日光温室辣椒栽培冬春低温季节如何增强棚室内
　　光照？ …………………………………………………（117）

34.日光温室辣椒栽培冬春低温季节容易发生哪些
　　病害？如何防治？ ……………………………………（118）

35.日光温室辣椒栽培遇降雪天气如何管理？ …………（119）

36.日光温室辣椒栽培遇降雨天气如何管理？ …………（120）

37.日光温室辣椒栽培在持续阴雪天后晴天如何
　　管理？ …………………………………………………（121）

38.辣椒日光温室栽培采用嫁接育苗有什么优越性？ …（121）

39.辣椒嫁接育苗如何选择砧木品种？ …………………（122）

40.辣椒嫁接如何育苗？ …………………………………（122）

41.辣椒常用的嫁接方法有哪些？ ………………………（123）

42. 辣椒苗嫁接后如何进行管理？ ………………… （123）

43. 辣椒嫁接苗定植时应注意哪些问题？ ………… （124）

八、日光温室彩色甜椒栽培关键技术 ……………… （125）

1. 彩色甜椒保护地生产有哪些栽培茬口？ ……… （125）

2. 日光温室冬春茬彩色甜椒栽培技术要点是什么？ … （126）

3. 日光温室秋冬茬彩色甜椒栽培技术要点是什么？ … （126）

4. 彩色甜椒栽培技术与一般辣椒栽培技术有哪些
   不同之处？ …………………………………… （126）

5. 日光温室一年一大茬彩色甜椒周年栽培技术特点
   是什么？ ……………………………………… （127）

九、辣椒虫害防治技术 ……………………………… （129）

1. 如何防治小地老虎？ ………………………… （129）

2. 如何防治蛴螬？ ……………………………… （129）

3. 如何防治蝼蛄？ ……………………………… （130）

4. 蚜虫的危害特点及防治方法是什么？ ……… （130）

5. 白粉虱的危害特点及防治方法是什么？ …… （131）

6. 红蜘蛛的危害特点及防治方法是什么？ …… （133）

7. 茶黄螨的危害特点及防治方法是什么？ …… （133）

8. 棉铃虫的危害特点及防治方法是什么？ …… （134）

十、辣椒病害防治技术 ……………………………… （136）

1. 如何识别和防治辣椒猝倒病？ ……………… （136）

2. 如何识别和防治辣椒立枯病？ ……………… （137）

3. 如何识别和防治辣椒病毒病？ ……………… （137）

4. 如何识别和防治辣椒疫病？ ………………… （139）

5. 如何识别和防治辣椒青枯病？ ……………… （141）

6. 如何识别和防治辣椒根腐病？ ……………… （142）

7. 如何识别和防治辣椒黄萎病？ ……………… （143）

8. 如何识别和防治辣椒炭疽病？ ……………… （144）

目　录

9.如何识别和防治辣椒褐斑病？ …………………… (145)

10.如何识别和防治辣椒灰霉病？ …………………… (145)

11.如何识别和防治辣椒菌核病？ …………………… (147)

12.如何识别和防治辣椒白粉病？ …………………… (149)

13.如何识别和防治辣椒疮痂病？ …………………… (150)

14.如何识别和防治辣椒细菌性叶斑病？ …………… (150)

15.如何识别和防治辣椒软腐病？ …………………… (151)

16.使用化学药剂防治辣椒病虫害应注意哪些事项？ … (152)

17.如何识别和防治辣椒日灼病？ …………………… (153)

18.如何识别和防治辣椒脐腐病？ …………………… (154)

19.如何识别和防治辣椒畸形果？ …………………… (155)

20.如何识别和防治辣椒土壤元素缺乏症？ ………… (156)

21.如何识别和防治辣椒沤根？ ……………………… (157)

22.如何识别和防治辣椒低温冷害与冻害？ ………… (158)

23.种植辣椒可选用哪些除草剂？ …………………… (160)

十一、辣椒贮藏保鲜技术 ………………………………… (162)

1.辣椒贮藏特性是什么？ …………………………… (162)

2.辣椒贮藏对采收有什么要求？ …………………… (162)

3.待贮藏辣椒采收后如何进行预处理？ …………… (163)

4.辣椒如何进行窖贮？ ……………………………… (164)

5.辣椒如何进行室内筐贮？ ………………………… (165)

6.辣椒如何进行沟藏？ ……………………………… (166)

7.辣椒如何进行缸藏？ ……………………………… (166)

8.辣椒如何进行冷库气调贮藏？ …………………… (167)

一、概　述

1. 辣椒原产地在何处？

辣椒别名又叫番椒、海椒、秦椒、辣子、辣角、辣茄，为茄科辣椒属能结辣椒浆果的 1 年生或多年生草本植物，在温带地区属于一年生草本植物，在热带则是多年生灌木，在我国云南就有多年生木本的"辣椒树"。辣椒起源于中南美洲热带地区的墨西哥、秘鲁等地，是一种古老的栽培作物。最早栽培辣椒的是南美洲热带地区的印弟安人，之后传遍了整个世界。16 世纪传入欧洲，自西班牙传入法国、意大利，17 世纪传入东南亚各国。辣椒经过几百年的种植，现已成为深受世界各国人民欢迎的蔬菜品种之一。

2. 辣椒在我国有多长的栽培历史？

我国有关辣椒的最早记载见于高濂撰的《遵生八盏》(1591年)，有"番椒丛生，白花，果俨似秃笔头，味辣，色红，甚可观"等描述。辣椒一名最早见于清代《汉中府志》(1813 年)，有"牛角椒、朝天椒"的记载。传入中国的途径一是经丝绸之路传入，在甘肃、陕西等地栽培，故有"秦椒"之称；二是经由东南亚海道进入，在广东、广西、云南等地栽培。20 世纪 70 年代在云南西双版纳原始森林里发现有野生型的"小米椒"。目前，辣椒在我国各地已普遍种植，是我国栽培面积最大的蔬菜作物之一，同时成为世界重要的栽培区域带。

3. 辣椒品种是如何分类的？

辣椒品种繁多，为了生产上利用方便，有多种分类方法。

根据辣椒果实有无辣味分为 2 类,一类是带有辣味的辣椒,一类是不带辣味的甜椒,也称为柿子椒。一般辣椒果实较小,多呈细长形或羊角形、牛角形等,根据辣味的轻重又分为辛辣椒和微辣椒。甜椒果实较大,多为灯笼形。

　　根据果实形状分为羊角形、牛角形、圆锥形、线形、簇生形、灯笼形、扁圆形、四方形几种类型。

　　根据成熟期的早晚,可分为早、中、晚 3 种类型的品种。自第一真叶节起 6～9 节之间着生第一朵花的,一般为早熟品种;在10～13节之间着生第一朵花的,一般为中熟品种;在 14 节以上着生第一朵花的为晚熟品种。一般早熟品种产量较低,适于保护地栽培,中晚熟品种产量较高,适于露地和保护地长季节栽培。

　　根据单株坐果能力强弱,可分为果数型和果重型 2 种类型。前者单株结果能力强,结果数多,果实小,一般为早熟品种;后者单株坐果能力弱,结果数少,果实个大,一般为晚熟品种。

4. 甜椒与辣椒有什么不同?

　　辣椒包括辣椒和甜椒。甜椒是由中南美热带原产的辣椒,在北美经长期栽培和自然、人工选择,演化出果肉变厚、辣味消失、心室腔增多、果型变大的甜椒类型,是辣椒的一个变种。辣椒植株较开展,分枝能力强,叶片小,比甜椒的叶窄而长,根系发达,耐旱能力极强,即使在无灌溉条件的地区,也能开花结果,但产量较低;抗病、耐热能力比甜椒强;一般辣椒果实多呈羊角形、牛角形、线形、圆锥形、簇生形,果肉较薄,胎座不发达,形成较大空腔,辣椒种子腔多为 2 室,鲜食辣椒品种多平肩,制干辣椒品种多抱肩,果实含有辣椒素,果味辛辣。甜椒与辣椒相比植株较紧凑,分枝少,叶片大,果实多为灯笼形、扁圆形,果实个大肉厚,果实空腔大,胎座肥厚,组织松软,种子腔多为 3～6 个心室,一般甜椒品种果肩多凹陷,果实无辣味,微甜,果肉含糖、含水分多,含油分少;甜椒根系比辣椒弱,不耐旱,抗病、耐热能力也不及辣椒强,故在我国北部地区生长较好,在我国南方秋冬栽培生长也较好;因甜椒叶大,生长势较强,光合效率较高,所以一般品种的产量都比辣椒高,但在高温强光下,易发生病毒病和日灼病,在炎夏季节常有歇伏现象。

5. 辣椒果实中含有哪些主要营养成分?

辣椒营养价值很高,含有人体所需的多种维生素、糖类、类胡萝卜素、有机酸、矿物质等,堪称"蔬菜之冠"。辣椒的维生素 C 含量居群菜之冠,是番茄、黄瓜、大白菜、茄子的 3～9 倍。同时还含有胡萝卜素、B 族维生素、维生素 P、粗纤维,矿物质钾、铁、锌的量也较丰富。辣椒果实中含有一种特有的辛辣物质——辣椒素,它主要存在于胎座和种室隔膜中,少量存在于种子和果皮中。果实中辣椒素含量一般为 0.3%～0.4%,其含量高低决定辛辣程度。适度的辛辣味,可增进食欲,振奋精神,故辣椒既是人们喜食的蔬菜,又是不可缺少的重要调味品。

6. 辣椒有哪些用途?

辣椒是以嫩果或成熟果作为蔬菜供食,可生食、炒食或干制、腌制和酱渍,还可制成辣椒粉、辣椒末、辣椒油,常年作为调味品食用。中医认为,辣椒味辛,性大热,有温中健胃、促进食欲、散寒除湿、开郁去痰、温经通络等功效。辣椒能增加胃肠蠕动,增进食欲,有利于消化。辣椒能刺激心脏,加快心跳,促进血液循环,能起到抵御风寒和防湿的效果。辣椒的辣味能提神,有抗疲劳的作用,会令人精神振奋、情绪高涨。长期适量吃辣椒,能改善血管功能,增加血管弹性,减少血栓形成,降低动脉血管发生硬化的机会,进而有助于防控心血管疾患。辣椒的果实还可供药用,茎和种子也可入药,性热味辛,入胃、肠经,能温中散寒,开胃增食;入心、脾经,有温中下气、驱寒除湿的作用,可治寒滞腹痛、呕吐泻痢、消化不良、冻疮疥癣等症。上述医疗功能,主要是辣椒素所起的作用。

7. 目前我国辣椒生产现状如何?

目前,辣椒栽培已遍及世界各地,据联合国粮农组织统计,辣椒的主要生产国家依次为中国、尼日利亚、土耳其、西班牙、墨西哥、罗马尼亚、意大利和印度尼西亚等。地处寒带的国家,以栽培甜椒为主;地处热带、亚热带的国家,以栽培辣椒为主。我国辣椒生产,华北及华东东南沿海各省以栽培甜椒为主,西南、西北、中南、华南各省则以栽培辣椒为主。近年来,我国辣椒的生产供应已打破了就地生产、就地供应的格局,种植面积和年产量不断增长,并且形成许多辣椒生产基地。如广东、广西、海南、云南等省、自治区的南菜北运基地,大面积发展秋冬季栽培辣椒、甜椒,于元旦、春节期间大量北运京津及华北、东北地区;山西省以及河北省的张家口、承德地区等错季蔬菜生产基地,则以种植春播恋秋(越夏)甜椒为主,于8~9月份蔬菜淡季期间供应京津及华北地区。辣椒栽培形式也多种多样,除常规露地种植外,保护地生产也有了长足发展,温室、塑料大棚、中小棚、小暖窖、地膜覆盖等各种栽培方式的种植面积不断扩大,延长了辣椒的生产和供应期,产量水平和经济效益大幅度提高。品种和栽培形成多样化,既满足了市场周年供应,又提高了广大菜农的经济收入。

8. 辣椒为什么适宜规模化生产?

辣椒栽培面积迅速扩大,形成了集中连片的大规模商品蔬菜生产基地,并且获得了显著的经济效益。辣椒之所以能够迅速发展成大规模的商品生产基地主要原因有3个。

第一,是商品经济发展的客观需要。随着人民生活水平不断提高,消费习惯的改变,人们对辣椒的需求量日益增加。辣椒以鲜果供食,因其营养丰富、味道鲜美,备受人们青睐,人们要求一年四季均能吃到新鲜辣椒和甜椒,因而形成了南菜北运甜(辣)椒生产基地,错季甜(辣)椒生产基地和保护地甜(辣)椒生产基地。使甜(辣)椒生产达到周年供应。

第二,是由辣椒的栽培特点所决定。辣椒栽培不用搭架、打杈、绑蔓等农事操作,省事、省工、投资少、产值高,适合发展新产区及远郊县大面积种植。

第三,由于辣椒果实耐贮运,能够形成大规模的商品蔬菜生产基地。辣椒果实耐压、耐贮运能力比番茄、黄瓜、茄子强,简单包装即可长途运输,非常适宜发展商品蔬菜生产基地。

9. 目前辣椒生产中存在的主要问题是什么?

随着辣椒栽培面积迅速扩大,以及集中、连片专业化大面积生产区的形成,有的地区由于选用品种不当、栽培管理粗放、连年种植,导致病虫害危害加重。有些地区缺乏科学管理,滥用化肥、农药,造成产品有害物质残留超标,土壤盐渍化,导致不同程度的减产和产品质量下降。又受菜田基础设施差、抗灾能力低等因素影响,若干年后如不采取有效的综合农业技术措施,势必出现病虫害的严重流行和产量大幅度下降的现象。因此,生产上需要选用抗病高产品种,由粗放经营向集约化经营发展,精耕细作,发展保护地生产,改善田间的气候,采取有效的无公害综合农业技术措施,减轻由于病虫害危害而造成减产和品质下降等问题。

10. 什么是无公害辣椒?

无公害辣椒是严格按照无公害蔬菜生产安全标准和栽培技术生产的无污染、对人体安全卫生的商品辣椒。具体来讲,就是指产地环境、生产过程、产品质量符合国家或农业行业无公害蔬菜有关标准和生产技术规程,并经产地和市场质量监管部门检验合格,经相关部门认证合格获得认证证书并允许使用无公害农产品标志销售的辣椒产品。严格来讲,无公害是蔬菜生产的一种基本要求,普通蔬菜都应达到这一要求,保障基本安全,满足大众消费。

11. 什么是绿色辣椒食品?

绿色辣椒食品是按照"绿色蔬菜"的生产过程生产的绿色产品。绿色辣椒遵循可持续发展的原则,在产地生态环境良好的前提下,按照特定的质量标准体系生产,并经专门机构认定,许可使用绿色食品标志的无污染的安全、优质、营养的辣椒食品,是绿色食品的一种。

绿色辣椒食品在生产过程中农药使用后残留在辣椒里的农药残留物指标低于国家或国际规定的标准。所以,绿色产品是相对的,不是绝对的,评定绿色产品还取决于其他一些指标,例如绿色产品在使用过程中对人是安全健康的,对环境是无损害的。

绿色辣椒食品应符合绿色食品需要的 5 个标准。

标准一:产品或产品原料地必须符合绿色食品生态环境质量标准。

标准二:农作物种植、畜禽饲养、水产养殖及食品加工必须符合绿色食品生产操作规程。

标准三:产品必须符合绿色食品和卫生标准。

标准四:产品外包装必须符合国家食品标签通用标准。

标准五:符合绿色食品特定的包装、装潢和标签规定。

一般绿色食品蔬菜标准严于无公害蔬菜标准,因而无公害蔬菜产品是满足广大消费者安全食用的蔬菜,绿色食品蔬菜是满足较高层次需求的蔬菜商品,其市场竞争力更强。

12. 绿色辣椒食品是怎样分类的?

为了保证绿色蔬菜的无污染、安全、优质和营养的特性,开发和生产绿色蔬菜有一套较为完整的质量标准体系,包括产地生态环境质量标准、生产操作规程和卫生标准等。绿色辣椒食品是按照绿色蔬菜的标准进行分类的。绿色蔬菜的标准分为 AA 级和 A 级标准。AA 级绿色蔬菜要求产地的环境质量符合中国绿色食品发展中心制订的《绿色食品产地环境质量标准》,生产过程中不使用任何有害的化学合成的农药和肥料等,并禁止使用基因工程技术,产品符合绿色食品标准,经专门机构认定,许可使用 AA 级绿色食品标志的产品。A 级绿色蔬菜则要求产地的环境质量符合中国绿色食品发展中心制订的《绿色食品产地生态环境质量标准》,生产过程中严格按绿色食品生产资料使用准则和生产操作规程要求,允许限量使用限定的化学合成的农药和肥料,产品符合绿色食品标准,经专门机构认定,许可使用 A 级绿色食品标志的产品。

13. 什么是有机辣椒?

有机辣椒是按照有机蔬菜生产标准生产的有机农产品。有机蔬菜应根据国际有机农业的生产技术标准生产,经独立的有机食品认证机构认证允许使用有机食品标志的蔬菜。有机蔬菜在整个的生产过程中都必须按照有机农业的生产方式进行,也就是在整个生产过程中必须严格遵循有机食品的生产技术标准,即生产过程中完全不使用化学合成的农药、化肥、生长调节剂等物质,不使用基因工程技术及其产物,而是遵循自然规律和生态学原理,采用天然材料和与环境友好的农作方式,维持农业生态系统持续稳定的一种农业生产方式。同时还必须经过独立的有机食品认证机构全过程的质量控制和审查。所以,有机蔬菜的生产必须按照有机食品的生产环境质量要求和生产技术规范来生产,以保证它的无污染、富营养和高质量的特点。

14. 有机辣椒的市场前景如何?

有机食品被誉为"朝阳产业",具有广阔的市场。据资料显示,在过去的 10 年间,在一些国家的市场上,有机农产品的销售额年递增率超过 20%。有机蔬菜的种植讲究的是安全、自然的生产方式,可以很好地促进和维持生态平衡。有机蔬菜远离污染,无化学残留,口感佳,品质高,具有自然本色,而且已被证明比普通蔬菜更具营养。现在人们对安全食品的需求日益强烈,国内市场前景非常乐观。

但是值得注意的是种植有机蔬菜包括有机辣椒需要更多劳力和更密集的技术,精耕细作,用工量大,产量低,目前有机蔬菜生产基地很少,产品不多,有机蔬菜价格平均比普通蔬菜高出 4~5 倍,还不能普遍地走上大众餐桌,因此应密切关注市场,谨慎对待。

15. 什么是农民专业合作经济组织?

农民专业合作经济组织是农民自愿参加,以农户经营为基础,以某一产业或产品为纽带,以增加成员收入为目的,实行资金、技术、采购、生产、加工、销售等互助合作的经济组织。农民专业合作经济组织的组织形式和活动方式多种多样,根据市场需求和农民意愿,把分散的专业户、专业村,通过专业合作,组织起各种类型的专业农协。按照农民合作的紧密程度,归纳为专业合作社、股份合作社、专业协会 3 种主要类型。目前,我国农村有各类农民专业合作经济组织 140 多万个,其中较为规范的有 14 万多个,广泛分布于种植业、畜牧业、水产业、林业、运输业、加工业以及销售服务行业等各领域,向农户提供产前、产中、产后有效服务,成为实施农业产业化经营的一支新生的组织资源。

16. 农民专业合作经济组织在蔬菜生产中有什么作用?

随着我国蔬菜产业的迅猛发展,它已成为农民增收致富的主导产业之一。为了解决蔬菜生产组织化程度低、标准化能力差、市场竞争力弱等制约产业发展的难题,我国成立了一批蔬菜专业合作社,对蔬菜产业的提档升级、提高市场竞争力、促进农业增效和农民增收发挥了重要作用。据统计,目前河北省已发展蔬菜专业合作组织达 1850 个,占全省农民合作组织的 28% 左右。蔬菜专业合作社帮助农民普及推广蔬菜新品种、新技术,向农户提供产前、产中、产后服务,定期进行技术培训,推进蔬菜标准化生产。合作社通过标准化、规模化生产,注册形成了自己的品牌,有的合作社的蔬菜产品还通过了无公害农产品、绿色食品认证,有的还通过了有机食品认证,大大提高了蔬菜产品质量。通过实行规模化品牌销售,提高了蔬菜产品市场竞争力,使农民增收显著提高,在蔬菜产业发展中发挥了重要作用。

二、辣椒的植物学特性
与栽培环境的关系

1. 辣椒的根系有什么特点和作用？

辣椒的根是由主根、侧根、支根和根毛等部分组成。辣椒的根系没有番茄和茄子发达，其根系既不耐旱也不抗涝。主要表现为主根粗，根量少，根系生长速度慢，入土浅，主要根群分布在植株周围 45 厘米、深度 10～15 厘米的土层中，根的再生能力弱于番茄、茄子，茎基部也不易发生不定根，根受伤后再生能力也较差。在育苗条件下，主根被切断后，可以从残留的主根上和根茎部发生许多侧根。通常在根的最前端有 1～2 厘米长的根毛区，其上密生根毛。根吸水主要是依靠幼嫩的根和根毛，根毛密度大，则吸水能力强且有力。辣椒根毛的寿命虽然不长，但可不断生长，在土温 25℃～30℃、相对湿度 50％～65％时，根毛生长的速度快。如果育苗和栽培条件差，根系极易受到损伤。所以，栽培中培育强壮的根系和促使不断地发生新根和长出根毛，对获得辣椒丰产具有重要意义。

2. 辣椒的茎有什么特点和功能？

辣椒茎直立，木质化程度较高，比较坚韧。株高 30～150 厘米，因品种和气候、土壤栽培条件的不同而异。辣椒主茎的分枝结果习性很有规律，当主茎长有一定叶片数后，茎的先端就形成花蕾。花蕾以下的节萌发出侧枝，以两杈或三杈分枝形式继续生长，果实即着生在分杈处，分枝形成因品种不同而异。均匀而强壮的分枝是辣椒丰产的前提，前期的分枝主要是在苗期形成的，后期的分枝主要取决于定植后结果期的栽培条件。如果夜温低,植株生长缓慢,幼苗营养状况良好时,则以三杈分枝居多;反之,则以两杈分枝为多。由于辣椒分枝和着果很有规律,所以第一、第二、第三、第四、第五层的果实,分别叫做门椒、对椒、四门斗、八面风、满天星,与茄子称呼基本相同。

茎的主要作用是将根吸收的水分和养分输送给叶、花、果,同时又将叶片制造的养分输送给根,从而促进整个植株的生长发育。

3. 辣椒的分枝结果习性有哪些类型?

按照辣椒主茎的分枝结果习性,可分为无限分枝和有限分枝2种类型。

(1)无限分枝型 当主茎长到7～15片叶时,顶芽分化为花芽,由其下2～3叶节的腋芽抽生出2～3个侧枝,花(果实)则着生在分杈处,各个侧枝又不断依次分枝、着花。这一类型的植株,由于在生长季节可无限分枝,一般株型高大、生长苗壮,目前生产上使用的绝大多数栽培品种都属于无限分枝类型。温室长季节栽培就是根据这类辣椒分枝结果习性采用整枝栽培方式。

(2)有限分枝型 当主茎生长到一定叶数后,顶芽分化出簇生的多个花芽。由花簇下面的腋芽抽生出分枝,分枝的叶腋还可抽生副侧枝,在侧枝和副侧枝的顶部形成花簇,然后封顶,此后植株不再分枝。这一类型的植株由于分枝有限,通常株型均矮。一般簇生椒如天鹰椒等品种均属此类型。

4. 辣椒的叶有什么特点和功能?

辣椒的叶分为子叶和真叶。幼苗出土后最先长出两片子叶,以后再长出的叶叫真叶,随着植株逐渐长大,子叶开始萎蔫脱落。真叶没有出现前,子叶是辣椒唯一的同化器官,必须精心呵护。子

11

叶生长的优劣取决于栽培条件和种子质量。当土壤水分不足时,子叶不舒展;光照不足时,子叶发黄;种子成熟度差可使子叶畸形瘦弱。辣椒的真叶为单叶,互生,因品种不同呈卵圆形、长卵圆形或披针形,叶先端渐尖、全缘,叶面光滑,稍有光泽,也有少数品种叶面密生茸毛。通常甜椒较辣椒叶要宽大一些,一般叶片硕大、深绿色,果型也较大,果面绿色也较深。

辣椒的叶形与营养素及环境条件有着一定的关联,辣椒叶片的长势和色泽,可作为营养和健康状况的指标。如叶色变黄而又无病虫危害即为缺肥;基部少数叶片全黄,上部叶片浓绿或灰绿,叶片萎蔫发黑时即为缺水;如果施肥浓度过大,则叶片变得皱缩,凹凸不平,叶色深绿;土壤贫瘠、营养不良或徒长,植株叶片瘠薄、色浅。

辣椒叶片的功能主要是进行光合作用和蒸腾水分及散发热量。植株的全部干物质主要是靠叶片进行光合作用所积累的,所以称叶片是制造养分的加工厂。因此若想获得辣椒的丰产,从苗期开始到拉秧之前,保持叶片的正常生长,充分发挥叶片的功能作用,保护叶片不受病害和虫害的侵袭是非常重要的。

叶片还能直接吸收养分,在植株营养不良、缺素或生长异常时,叶面施用叶面肥或植物生长调节剂,可以使植株较快地得到恢复和生长,这也称根外追肥。

5. 辣椒的花有什么特点?

辣椒花为雌雄同花的两性花,为常异花授粉作物,虫媒花,其天然杂交率在10%左右。植株营养状况和环境条件的好坏会直接影响到花柱的长短,一般品种正常情况下花药与雌蕊柱头等长或柱头稍长。营养不良时,短花柱花增多,短柱花多授粉不良,落花落蕾可达20%左右。主枝和靠近主枝的侧枝一般营养状况较好,花器多正常。远离主枝低级别的侧枝往往营养状况差,所以中柱花和短柱花就较多,落花也严重。通常朝上开放的花,花梗变短,横向开的花都容易脱落;水分过大,秧苗生长旺盛,花芽分化质量差,落花率也大;土壤干旱缺水,土壤溶液浓度过高抑制辣椒对水分的吸收,也会造成落花落蕾。因此,培育健壮植株,加强肥水管理,改善植株营养状况,是减少落花落蕾,增加单株结果数,从而获得丰产的关键。

6. 辣椒的果实有什么特点?

辣椒果实为浆果,其形状因品种不同而异,有方形、方灯笼形、长灯笼形、牛角形、羊角形、锥形、三棱形、扁柿子形、筒形、手指形、樱桃形等多种形状,大的可达 400～500 克,小的只有几克。一般 2～4 个心室,少数品种为 5～6 个心室。辣椒的品质也因品种不同有明显的差异,一般大果型辣味小或不辣,而小果型越小越辣。青熟果实颜色以绿色为主,果实成熟时有明显的色素变化,在成熟过程中叶绿素含量迅速下降,茄红素含量大量增加形成红色,部分含胡萝卜素较多的品种为橘黄色,加工及调味品应选用红色果实。辣椒从开花授粉受精至果实膨大达绿熟期需 25～30 天,到红熟期需 45～60 天。

辣椒果实发育与养分供应和环境条件有密切关系。在植株衰老、营养不良、夜温低、日照较差、土壤干燥或栽植过密时,果实的膨大生长会受到抑制,往往形成小果,有时形成"僵果"。即使正常果,在土壤干旱或施肥过多、土壤溶液浓度过高时,植株吸收水分受抑制,果实也要变短。夜温过低,果实先端要变尖;气温高、土壤干、土温高、多肥、植株对水分和钙的吸收受阻时易发生脐腐病。所以合理的施肥、灌水、适时采收、改善田间环境条件,能促进辣椒优质、高产、稳产。

7. 辣椒的种子有什么特点?

辣椒种子为短肾形,呈扁平状,表面微皱,淡黄色,稍有光泽,种皮较厚实,故发芽不及番茄快。种子千粒重 4.5～8.0 克,种子寿命为 3～7 年,在一般室内贮藏条件下,使用年限为 2～3 年,种子发芽率 70% 左右,在低温干燥条件下贮藏,种子寿命可达 7 年以上。新鲜的种子表面有光泽。

8. 辣椒一生分哪几个生长发育阶段?

辣椒从种子发芽开始,经过子叶展开、茎叶生长、开花结果,到采收嫩果、果实成熟及采收种子为止完成它的一个生育周期。对于无限生长类型的辣椒来说,在我国北方并不是因为衰老而死亡,而是因遭受霜冻结束生命。辣椒的一个生育周期可分为发芽期(从播种到出苗)、幼苗期(出苗后到开花前)、开花坐果期(从开花到果实膨大)和结果期(从果实膨大到果实生理成熟)4 个时期。

9. 什么是辣椒的发芽期? 辣椒发芽期要求什么生长条件?

从种子播种发芽到子叶平展为辣椒的发芽期,在正常育苗条件下需 7～10 天。辣椒种子内的养分主要贮藏于胚乳中,由胚根、胚芽、子叶所组成的胚被胚乳所包裹。发芽时胚根最先生长,并顶出发芽孔扎入土中,这时子叶仍留在种子内,继续从胚乳中吸取养分。其后,下胚轴开始伸长,呈弯弓状露出土面,进而把子叶拉出土表,种皮因覆土的阻力滞留于土中。如覆土过薄,则易出现"戴帽"出土现象(即种皮未能脱落,并随同子叶出土),妨碍子叶正常开张,影响子叶及早进行光合作用。

发芽期的主要外界环境条件是土壤的温度、水分(湿度)和通气条件。辣椒种子发芽所需适温高于番茄,但低于茄子,种子发芽最低温度是 15℃,适宜温度是 25℃～30℃,15℃以下种子不能进行生化反应,因而不能发芽;30℃以上芽子生长过快,消耗养分多,故幼苗生长柔弱。但幼芽和幼苗即使处于 0℃的温度下,也不会冻死,所以播种后,只要夜间能维持在 0℃以上,白天一旦有 15℃以上的温度,种子就能发芽和生长。这就是早熟栽培辣椒需在冬季或早春期间播种的理论基础。

种子发芽必须有充足的水分,一般播种前浸种 8～12 小时,采取干籽播种的应注意创造良好的苗床水分环境。若水分不足,则胚根和子叶不能冲破种皮发芽;若水分过多,则因氧气不足,不能进行正常的呼吸作用,造成烂种烂芽,并导致出苗不齐。

10.什么是辣椒的幼苗期?辣椒花芽分化是如何进行的?

从子叶出土发芽、露心、第一片真叶显现至第一朵花现蕾为辣椒的幼苗期,也是花芽(花蕾的前身)分化形成期。幼苗期长短会因育苗方式和管理水平不同而有差异。一般阳畦育苗其日历苗龄多为 70～90 天,温床或温室育苗为 60～70 天,温度适宜条件下不分苗时日历苗龄仅 40～50 天。但是在实际生产上,冬季育苗时,一般日历苗龄在 100 天左右。辣椒幼苗期所需积温比番茄要高,又因其根、茎木质化程度较高,故根系再生能力比番茄要弱,幼苗也不易徒长。

一般冬季育苗,当辣椒的幼苗高 3～4 厘米,茎粗 0.15～0.2厘米,有 3～4 片真叶展开时,就开始花芽分化。生产上为避免伤根影响到花芽分化,多强调在 2 叶 1 心或 3 叶前进行分苗。其播种至花芽形成的天数、花芽出现节位、花芽多少、发育的快慢,则与育苗环境有关。较高的昼温、较低的夜温、稍短的日照、充足的土壤养分和适宜的湿度有利于花芽分化进程,使花芽形成早、花数多、花器发育快。

花芽开始分化时,先是生长点由圆锥形突起变成扁平形,由此到萼片、花瓣发生需 7～8 天,到雌、雄蕊发生需 7～8 天,到花粉和胚珠形成需 10 天,到开花需 5 天。由于一株上的花芽分化是自下而上的渐次进行,所以在第一朵花开放时,植株上发育程度不等的花芽有 50～60 个。所以田间管理不能放松,管理措施的效果应具有持续性,以保证其余花芽正常分化。

11. 辣椒花芽分化阶段对外界环境条件有哪些要求?

(1)**温度** 在外界环境条件中,温度对花芽分化影响最强。一般认为,日温在 27℃～28℃ 对同化作用有利,能促进植株的健壮生长和良好的花芽分化。温度适宜时花芽分化早,着生节位低,开花也早;温度过低或苗床施用钾肥过多时着生节位高,花数少。温度在 15℃ 以下时,生长发育受到抑制,花芽难于形成。夜温适当低些,花的重量和子房的重量均增加,花质优良;温度过高,则花质差,落花落果严重。

(2)**水分** 土壤水分充足,花芽分化良好,茎叶生长健壮;水分不足花芽分化迟缓,花质差,结果率低。

(3)**土壤营养** 日本人江口曾进行了土壤氮、磷、钾与花芽分化关系的试验,结果表明:氮、磷、钾配合施用可使辣椒花芽分化和开花时期提早,其中氮、磷配合与氮、磷、钾配合没有什么差别。但氮、钾配合,磷、钾配合及氮、磷、钾单独施用对提早花芽分化及开花的作用与无肥区相比,效果不明显。

(4)**光照** 适当缩短光照时间,有促进化芽分化的作用。光照强度大小对花芽分化影响不大。

12. 什么是辣椒的开花坐果期？此期如何保证秧果协调生长？

自第一朵花发育成大花蕾，进而开花散粉、坐果，果实即将进入迅速膨大期为辣椒的开花坐果期，大约需 15 天时间。这一时期是辣椒营养生长与生殖生长并进时期。一方面植株正处于定植缓苗后的发秧阶段，是辣椒营养体建成的关键时期；另一方面又是植株早期花蕾开花坐果、前期产量形成的重要时刻。因此，创造良好栽培环境，保证植株营养生长和生殖生长的平衡发展，便成了这一时期栽培管理的中心环节。

幼苗苗龄过长，定植后温度过低以及土壤养分、水分不足，都将影响植株发秧，尤其是生长势弱的早熟品种，更易出现植株矮小、不发秧或早期果赘秧等状况。应及时采取中耕、提温、追肥浇水（不蹲苗）、疏果等措施。但种植密度过大、温度过高（尤其夜温过高）以及不适当的追肥浇水（氮肥过量），则将引起植株生长过旺，甚至疯长，并进一步导致开花结果延迟或严重落花落果。保护地栽培条件下植株生长势强的中晚熟品种，尤其要注意适当蹲苗，保持有利于开花坐果的适宜温度，以使秧果协调生长，促进早坐果、多坐果。

13. 什么是辣椒的果实发育成熟期？果实发育成熟分为几个时期？

辣椒从雌蕊的卵细胞受精到果实内种子完全成熟，是它的果实发育成熟期。一般情况下，果实膨大先是长度伸长，随着长度的增长，也逐渐加粗。受精后 10 天，细胞强烈分生，接下来的 10 天，新生细胞迅速膨大。这段时间果实生长最快，需要及时供给肥水。开花后 30～40 天，即达商品成熟期，再过 20 天达到完熟期。果实发育成熟可分为未熟期、绿熟期、红熟期和完熟期 4 个时期。

17

（1）未熟期 果实和种子的外壳基本定型，但内含物还不充实。未熟期的末期是商品果实的采收期。

（2）绿熟期 果实和种子已充分肥大，种子变硬，但尚无发芽能力；果肉厚度不再增加，逐渐变硬，呈暗绿色，已完成了形态发育。

（3）红熟期 果实由暗绿色变成红色。先是着光面变红，而后全果变红。

（4）完熟期 果皮全红，红色素进一步增多；种子已充分成熟，是采种的收获期。

此期植株不断地连续开花结果，是辣椒产量形成的主要阶段，应加强肥水管理和病虫害防治，尽力避免由于营养不足而引起的落花落果，促进果实迅速膨大，维护茎叶正常生长，推迟植株衰老，延长结果时期，提高产量。

14. 为什么要调节辣椒的营养生长与生殖生长的关系？

从辣椒的整个生长周期来看，发芽后至 2 片真叶展开前为单纯的营养生长期（即根、茎、枝、叶的生长）。此后便是营养生长与生殖生长（即花芽分化及形成，开花结果，果实发育）同时进行并相互影响的时期。这个时期营养生长和生殖生长两者相互促进又相互制约。营养生长是前提，生殖生长是在营养生长基础上进行发育的。营养生长过旺则生殖生长就要受到抑制而发生植株徒长；反之，生殖生长过强，则引起营养生长不良并导致落花落果。所以，只有通过各个管理环节，协调好营养生长和生殖生长的关系，才能达到高产丰收的目的。

15. 辣椒的生长发育对环境条件的总体要求是什么？

辣椒原产于热带和亚热带地区，那里气候温暖潮湿，昼夜温差大,土壤肥沃。长期的生长环境气候条件形成了辣椒的主根不发达,根系分布土层较浅,好气性较强的特点,因此辣椒具有喜温暖,害怕寒冷不耐霜冻,忌高温和暴晒;喜阳光,怕暴晒和连阴雨天;喜湿润,怕雨涝和干旱;喜肥沃,较耐肥,怕氮素过多和地力瘠薄等特性。

16. 辣椒各生育期对温度有什么要求?

辣椒成株对高温和低温有较强的适应能力,在气温 15℃～34℃的范围内都能生长,但不同的生长发育时期,对温度有不同的要求。种子发芽适温为 25℃～30℃,低于 15℃或超过 35℃种子不能很好地发芽。苗期对温度要求较高,幼苗生长的适温白天为 25℃～30℃,夜间为 15℃～18℃,此间温度低时,幼苗生长缓慢;幼苗不耐低温,应注意防寒。开花结果初期的适温是白天 20℃～25℃,夜间 16℃～20℃,低于 15℃或高于 35℃则授粉受精不良而落花落果。进入盛果期后,适当降低夜温对结果有利,即使降至 8℃～10℃也能很好地生长发育。

17. 辣椒生长对光照有什么要求?

辣椒对光的要求并不严格,有较强的适应性,辣椒的光饱和点约为 3 万勒,较番茄和茄子低,光补偿点约为 1 500 勒,但因生育期不同而异。种子萌发需要黑暗条件,育苗期要求较强的光照,生育结果期要求中等光照强度。苗期光照好,幼苗则节间短、茎粗、叶色深、抗性强;反之,如苗期光照强度较弱,可导致幼苗节间长、叶薄色淡、抗性差。开花结果期,在 10～12 个小时的日照条件下能较早地开花结果,光照过强伴随高温不利于辣椒的生长发育,也易发生病毒病和日灼病。在此期间降低日照强度会促进茎叶的生长,结果数增多,果实膨大快。所以定植后要加强田间管理,使植株尽早封垄。但如果光照过弱,遮阴过多,会影响辣椒的同化作用,则易使植株生长衰弱、发育不良,易落花落果导致减产。果实转色期,如果光照充足,则果实色泽鲜艳。

18. 辣椒生长对水分有什么要求?

在茄果类蔬菜中辣椒既不耐旱,又不耐涝,其植株本身需水量虽不大,但由于根系不发达,根量少,入土浅,故需经常浇水,才能获得丰产。一般大果型品种的甜椒对水分要求比小果型品种的辣椒更为严格。不同生长发育时期对水分的要求不同,采用的灌溉方法和灌溉量不同,对辣椒生长发育及产量也将产生不同的影响。

在发芽出苗期,一般将底水浇足浇匀,保证出苗期供水,尽量在出苗前不浇水。浇水不足不匀,出苗不齐,从而影响育苗质量。分苗前不干不浇水,浇水过大,土壤和空气湿度大,易引起猝倒病和立枯病的发生,易引发沤根而导致幼苗死亡。苗期浇水量过多则秧苗易徒长,花芽形成不良,花芽分化数减少,严重时造成落花;若过度控水,易形成老化苗,幼苗表现出发育不良,叶面积减少,光合量减少,花芽分化延迟,花芽发育受阻,分化数也减少,使日历苗龄过长,从而影响果实产量。

进入开花坐果期是浇水的关键时期,水浇得过早,易引起落花落果,植株徒长,营养生长过剩,生殖生长受抑制,推迟坐果,影响产量;水浇得过晚,植株生长受阻,生长缓慢,使果实营养供应不足,果实发育慢,果实变小,降低产量。

进入结果期,植株茎叶和果实生长旺盛,需水量较大,要保证土壤水分充足。如土壤干旱、水分不足,则极易引起落花落果,并影响果实膨大,使果面多皱缩、少光泽,果实弯曲,降低商品品质。在日间土壤持续积水或土壤水分较长时间呈饱和状态时,植株易受渍涝,造成萎蔫、死秧或引起疫病流行。此外,空气相对湿度过大或过小时,也易引起辣椒的落花落果。过大的空气湿度还容易引发病害的流行。一般空气相对湿度以 60%～80% 为宜。保护地栽培，要经常通风排湿。

19. 辣椒生长发育对养分有什么要求？

辣椒为喜肥作物,其生长发育要求充足的氮、磷、钾肥料,尤其喜有机肥,它的耐肥能力较强。肥力不足,易导致植株矮小、分枝少、坐果率低、产量低。辣椒在蔬菜中属高氮、中磷、高钾类型。因此,在生产中要重视氮、磷、钾的充分供应,以利于增大叶面积,提高叶片的光合能力,使营养生长与生殖生长相协调,既不会形成营养生长停滞造成的"小老苗",也不会形成茎叶徒长的"疯秧"而导致落花落果,从而可显著增加产量。据试验分析,每生产 1000 千克甜椒果实,需从土壤中吸收氮 5.16 千克、五氧化二磷 1.07 千克、氧化钾 6.46 千克。

(1)**氮** 氮素肥料不足,则植株长势弱,株丛矮小,分枝不多,叶量不大,花数减少,果实也难于充分膨大,并使产量降低。在保证阳光充足,适当降低夜温,并配合施用其他营养元素的条件下,充分的氮素可促进植株生长和果实发育,提高产量。

(2)**磷** 磷肥不足,则幼芽和根系生长缓慢,植株矮小,叶色暗,无光泽,影响花芽分化及发育。充足的磷肥则有利于提早花芽分化,促进开花、坐果。辣椒吸收磷肥的能力较弱,一般都作基肥施入,在植株生长期,也可用磷酸二氢钾 0.1%～0.3% 溶液,进行叶面喷施。

(3)**钾** 钾肥不足,则辣椒植株抗逆性差,抗病能力降低,影响果实发育,果实品质下降,果形不规整。钾肥又称作果肥,充足的钾肥,促进果实膨大,提高品质,使茎秆生长健壮,增强植株的抗逆性和抗病能力。

20. 如何在辣椒各生育期进行合理施肥?

在不同的生育期,辣椒对氮、磷、钾肥料三要素的需求也有区别。

幼苗期,由于生长量小,要求肥料的绝对量并不大。但苗期正值花芽分化时期,要求氮、磷、钾肥配合使用。

初花期,植株营养生长还很旺盛,若氮素肥料过多,则易引起植株徒长,进而造成落花落果,还会降低对病害的抗性。

进入盛花、坐果期后,果实迅速膨大,则需要大量的氮、磷、钾三要素肥料,尤其是氮肥、钾肥需求量较大,必须保证供应才能获取高产。施肥应掌握苗期少、花期中、盛果期多的原则。

不同类型的甜椒、辣椒对肥料要求也不尽相同。一般大果型、甜椒类型比小果型、辣椒类型所需氮肥较多。辣椒的生长发育还需吸收钙、镁、铁、硼、铜、锰等多种微量元素,生育期间可根据具体情况,适当补充微量元素。

21. 辣椒种植对土壤有什么要求?

辣椒对土壤条件要求不太严格,在中性、微酸或微碱性土壤上都可以种植,但土壤质量的优劣可直接影响辣椒植株的生长和产量的高低。为获得高产,应尽量在土壤肥沃、富含有机质、保水保肥力强、排水良好、土层深厚的沙质壤土或壤土中栽培为宜。辣椒对土壤的通气条件要求较高,通透性高的土壤有利于根系的生长发育,能更好地吸收矿质元素。土壤中使用各种有机肥能大大改善土壤通透性。种植辣椒的地块最好深翻30～40厘米,以利根系的生长和保水保肥。且忌与茄科作物连茬。

22. 外界环境条件对辣椒开花结果有何影响?

(1)**温度** 温度过低,植株生长不良,也不能正常开花散粉。

气温在 15℃ 以下,由于花药不能开裂散粉,所以不是造成落花,就是形成僵果(僵果个小肉厚,果内无种子或种子很少)。白天在 20℃~25℃,夜间在 16℃~20℃ 范围内开花结果良好。进入盛果期后,适当降低夜温对结果有利。在 30℃ 以上,花器质量差,坐果率低,超过 35℃ 以上高温易落花落果。在温度较高的情况下,若植株发育良好,在摘除劣质花蕾后,可提高坐果率。

(2)**水分** 土壤干旱,水分不足,则极易引起辣椒落花落果;空气相对湿度过大或过小时,也易引起落花落果;一般空气相对湿度以 60%~80% 为宜。

(3)**土壤营养** 初花期,植株营养生长还很旺盛,若氮肥过多,易引起植株徒长,进而造成落花落果并减低对病害的抗性,影响产量;氮肥不足,植株发育不良,坐果率低,产量也不高。磷肥供给时间越长,开花坐果越多;反之,花小质劣。钾肥对辣椒开花坐果影响不大,但钾肥不足,常造成果小质劣。

(4)**光照** 辣椒开花结果期对光照要求不严,但光照强度过低,则开花少,落花落果严重。光照过强,空气干燥、地温过高时,病毒病严重。

23. 外界环境条件对辣椒果实的发育成熟有何影响?

(1)**温度** 适宜的日温为 23℃~28℃,夜温为 16℃~20℃,35℃ 以上高温和 15℃ 以下的低温均不利于果实的生长发育。夜温过低时,果实先端变尖。加速果实转色的适宜温度为 25℃~30℃,但不同类型品种之间,对温度的要求也有显著差异,一般辣椒(小果型品种)要比甜椒(大果型品种)具有更强的耐热性。

(2)**土壤水分** 一般大果型品种的甜椒对水分要求比小果型品种的辣椒更为严格。如土壤干旱、水分不足,则影响果实膨大,使果面多皱缩、少光泽,果实弯曲,果实也变短,降低商品品质;还可引起脐腐病和日灼病,影响产量。土壤过湿,水分呈饱和状态,轻则植株徒长,落花落果严重;重则沤根死亡或引起疫病流行,积水 24 小时以上,全田植株淹死绝收。

(3)土壤通透性 对土壤要求甜椒要比辣椒严格,一般以肥沃、富含有机质、保水保肥力强、排水良好、土层深厚、通透性好的沙壤土为宜。甜椒根系对氧气要求比较严格,通气良好,则收果多,果质好;通气性差,则根系发育不良,植株抗逆性差。

(4)肥料因素 对辣椒果实发育成熟影响较大的大量元素是氮、磷、钾,微量元素是锌和硼。氮不足,则果实质量差;过多则落花落果严重。磷虽对果实膨大影响不大,但缺磷时根系和花器发育不良,所以也不能缺少。钾肥常称作果肥而备受重视,在果实的发育成熟期应满足对钾的需要,缺乏钾肥时,对产量影响很大。缺锌则病毒病严重。缺硼则影响光合产物的合成和运转,特别是向果内转运的物质会因此而减少,果实发育不良。此外,不同类型的辣椒对肥料要求也不尽相同,一般大果型、甜椒类型比小果型、辣椒类型所需氮肥较多。另外,多施氮肥将使辣椒的辛辣味减弱。

三、辣椒周年生产茬口安排 与优良品种选择

1. 辣椒生产有哪些茬口?

目前,辣椒栽培形式分为露地栽培和保护地栽培2种。干椒生产以露地栽培为主,鲜食辣椒和甜椒生产以保护地栽培和露地栽培栽培为主。露地栽培主要有早春地膜覆盖栽培、恋秋栽培、错季栽培3个主要茬口。保护地栽培茬口较多,日光温室栽培有日光温室冬春茬、日光温室秋冬茬和日光温室越冬一大茬栽培;塑料大棚栽培有塑料大棚春提早和塑料大棚秋延后茬口;改良阳畦栽培有改良阳畦春提早和改良阳畦秋延后茬口;改良地膜栽培主要为春季栽培茬口。

2. 辣椒周年生产如何安排栽培茬口?

鲜食辣椒生产,通过各种栽培形式和茬口安排,加上短期贮藏保鲜,基本可以周年供应。其周年生产栽培茬口安排模式见表3-1。

表3-1 辣椒周年生产茬口安排模式

栽培形式		播种期	定植期	收获期
保护地栽培	日光温室冬春茬	10月中下旬至11月上旬	翌年1月中下旬至2月上旬	3月下旬至7月下旬
	日光温室秋冬茬	7月下旬至8月初	8月下旬至9月上旬	10月上中旬至翌年1月中下旬
	塑料大棚春提早	12月中下旬	翌年3月中下旬	5月上中旬至8月中旬
	塑料大棚秋延后	6月中下旬至7月上旬	7月下旬至8月上旬	9月上旬至11月上中旬

续表 3-1

	栽培形式	播种期	定植期	收获期
保护地栽培	改良阳畦春提早	11 月下旬至 12 月上旬	翌年 3 月上中旬	4 月中下旬至 6 月下旬
	改良阳畦秋延后	7 月中下旬	8 月中下旬至 9 月初	11 月上旬至 12 月上中旬
	改良地膜栽培	12 月下旬至 1 月上旬	翌年 4 月上中旬	6 月上中旬至 8 月初
露地栽培	早春地膜覆盖栽培	1 月中下旬至 2 月上旬	4 月中下旬至 5 月初	6 月上中旬至 8 月初
	恋秋栽培	1 月中下旬至 2 月上旬	4 月中下旬至 5 月初	6 月中下旬至 10 月中旬
	错季栽培	2 月下旬至 3 月上旬	5 月中下旬	7 月中下旬至 9 月中下旬

3. 辣椒在引种和购买种子时应注意什么问题?

在引进和购买辣椒新品种时要注意以下问题。

第一,要克服盲目性,要有明确的引种目标,考察所引品种的主要经济性状是否符合当地生产的需求。

第二,必须了解所引品种原产地的环境条件和栽培管理水平,判断是否适合本地区栽培;还要了解品种的外观品质(形状、大小、颜色、风味等)是否符合本地区消费习惯和市场需要。

第三,坚持经过试验、示范的原则,切不可盲目大量引种,以免给生产带来损失。要先少引入一些种子,以当地主栽品种或打算更换的品种为对照,进行 2~3 个生育周期的品种适应性鉴定,对产量、品质、抗性、适应性等方面综合评价,确认为优良,才能在生产上大面积推广应用。为发挥新品种的增产潜力还要注意引入该品种的配套栽培技术,以利于实现良种良法,达到引种成功的目的。

第四,要遵守检疫制度,防止引入本地区没有的病、虫、草等有害生物。

第五,购买种子,还要特别注意鉴别是新种,还是陈种,应选择种子颜色亮黄,有光泽,无霉味,饱满充实,在纯度、净度、发芽率、发芽势等方面都符合国家标准的种子。

第六,引进的杂交一代新品种,只能使用一代,下一代就开始分离,优势下降,不能再使用。

4. 不同栽培形式对辣椒的品种特性有什么要求?

不同品种适宜不同的栽培形式,只有良种配良法,才能达到高产、高效的目的。保护地早熟栽培要求品种具有耐低温弱光、早熟抗病等特性;保护地秋延后栽培要求品种不仅具有在低温弱光下生长良好,而且还应具有耐热、抗病的特性;保护地长季节栽培不仅要求品种具有耐低温弱光、抗病等特性,还应具有抗早衰、连续坐果性好等特性;露地栽培要求品种具有生长势强、耐热、抗病、中晚熟、果较大、品质好的特性。

另外,还应根据当地消费习惯和栽培目的选择相适应的品种。如用作干制的辣椒品种应具有辣味浓、干物质含量多、果皮薄易于干燥、干制率高等特点。对于建立的以外销为主的辣椒商品生产基地,对品种的耐运输和耐贮藏能力有比较高的要求,应选用耐贮运的品种。

5. 目前适合我国北方保护地和露地栽培的甜椒优良品种有哪些? 其特性如何?

(1)冀研4号 河北省农林科学院经济作物研究所育成的优良中晚熟甜椒一代杂种。植株生长势强,叶片较大,深绿色,平均株高68厘米,株幅48厘米,分枝较紧凑,13节左右着生第一花。果实灯笼形,果色深绿,平均单果重150克,最大单果重250克,果肉厚0.55厘米,果实味甜质脆,商品性好。植株抗病能力较强,抗病毒病和日灼病,较抗炭疽病,丰产性好,每667米^{2}产量3 500

千克左右。主要用于露地地膜覆盖栽培。

(2)**冀研 5 号** 河北省农林科学院经济作物研究所新育成的优良早熟甜椒一代杂种。植株生长势较强,株型较开展,叶片中等大小,叶色绿,株高 65 厘米左右,株幅 60 厘米左右,第九节左右着生第一花。果实长灯笼形,果色绿,果肉中厚,约 0.4 厘米,平均单果重 100 克,最大单果重 200 克,果实味甜品质好。该品种抗逆性强,连续坐果性好,且上下果实大小较均匀,抗病毒病,较耐疫病。每 667 米² 产量 4 000 千克左右。适于露地地膜覆盖栽培和保护地栽培。

(3)**冀研 6 号** 河北省农林科学院经济作物研究所新育成的优良早熟甜椒一代杂种。植株生长势强,较开展,10 节左右着生第一花,前期坐果集中,连续坐果能力强。果实灯笼形,翠绿色,果面光滑而有光泽,果大,肉厚约 0.5 厘米,较耐贮运,平均单果重 150 克左右,味甜质脆,商品性好,抗病毒病。每 667 米² 产量 4 000 千克左右。适宜早春保护地栽培,也可露地地膜覆盖与棉花间作栽培。

(4)**冀研 12 号** 河北省农林科学院经济作物研究所育成的优良中熟大果型甜椒杂交种。植株生长势强,株型较紧凑,株高约 65 厘米,株幅 60 厘米。果实方灯笼形,3~4 个心室,果长 10~12 厘米,果宽 10~11 厘米,果肉厚约 0.65 厘米,平均单果重 200 克左右,最大单果重 340 克,果形美观,果面光滑而有光泽,果色绿,味甜质脆,商品性优,耐贮运性好,抗病毒病,较抗疫病。每 667 米² 产量 4 000 千克左右适于保护地栽培,也可用于露地地膜覆盖栽培。

(5)**冀研 13 号** 河北省农林科学院经济作物研究所育成的优良中晚熟大果型甜椒杂交种。第一花着生节位 13~14 节,植株生长势强,株型较开展,株高 70 厘米左右,株幅约 65 厘米。果实灯笼形,3~4 个心室,果长 11~12 厘米,果宽 9~10 厘米,果肉厚 0.7

厘米左右,平均单果重 200 克左右,最大单果重 350 克。果形美观,果面光滑,深绿色,味甜质脆,商品性好,耐贮运,抗病毒病,耐疫病。每 667 米² 产量 4 000 千克左右。适于保护地栽培,也可用于露地地膜覆盖栽培。

(6)**冀研 15 号** 河北省农林科学院经济作物研究所育成的优良早熟大果型甜椒杂交种。植株生长势强,株高约 60 厘米,株幅约 55 厘米,第一花着生节位 9 节左右。果实灯笼形,绿色,果面光滑有光泽,单果重 200 克左右,最大单果重 300 克,果长 10～11 厘米,果宽 8～9 厘米,果肉厚 0.6 厘米左右,味甜,抗病毒病、炭疽病。每 667 米² 产量 4 000 千克左右。适于保护地栽培和露地地膜覆盖栽培。

(7)**冀研 28 号** 河北省农林科学院经济作物研究所育成的优良早熟大果型甜椒杂交种。第一花着生节位 8～9 节,植株生长势较强,株高约 62 厘米,株幅约 59 厘米。果实灯笼形,3～4 个心室,果长 10～11 厘米,果宽 8～9 厘米,果肉厚 0.6～0.65 厘米,平均单果重 180 克,果面光滑而有光泽,味甜质脆,抗病毒病,耐疫病,膨果速度快。每 667 米² 产量 4 000 千克左右,高产可达 4 600 千克。适于保护地栽培和露地地膜覆盖栽培。

(8)**中椒 4 号** 中国农业科学院蔬菜花卉研究所培育的中晚熟甜椒一代杂种。植株长势强,株高 56 厘米左右,株幅约 55 厘米。叶色绿,第一花着生节位 12～13 节。果实灯笼形,果色深绿,果面光滑,单果重 120～150 克,果肉厚 0.5～0.6 厘米,味甜质脆品质好,耐病毒病。每 667 米² 产量 4 000 千克左右。适于露地地膜覆盖栽培。

(9)**中椒 5 号** 中国农业科学院蔬菜花卉研究所育成的中早熟甜椒一代杂种。植株生长势强,株高 55～61 厘米,株幅 42～47 厘米,第一花着生节位 9～11 节。果实灯笼形,果色绿,果面光滑,纵径约 7.6 厘米,横径约 10.3 厘米,3～4 个心室,单果重 80～118

克,果肉厚约0.43厘米,味甜质脆,品质优良,抗病毒病。适应性广,每667米² 产量4000千克左右。为露地和保护地兼用品种。

(10)**中椒7号** 中国农业科学院蔬菜花卉研究所育成的优良早熟甜椒一代杂种。植株生长势强,叶片较大,叶色浓绿。果实灯笼形,果色绿,有光泽,果实大,果肉厚约0.4厘米,单重100克左右,味甜质脆,耐病毒病。适于露地和保护地早熟栽培,定植到采收32天左右,每667米² 产量4000千克左右。

(11)**甜杂6号** 北京市农林科学院蔬菜研究中心培育的中早熟甜椒一代杂种。植株生长势强,株高70厘米左右,多为三权分枝,叶片绿色,第一花着生节位11节。果实灯笼形,心室3~4个,果面光滑,商品果绿色,果肉厚约0.4厘米,单果重80克左右,最大单果重120克,品质好,味甜质脆,商品性好,抗病毒病及疫病。植株坐果率高,连续结果性好,每667米² 产量2500~4000千克。适宜保护地及露地早熟栽培。

(12)**京甜2号** 北京市农林科学院蔬菜研究中心培育的中熟甜椒一代杂种。始花节位11~12节,果实长方灯笼形,3~4个心室,果深绿色,品质佳,单果重160~200克。连续坐果能力强,耐湿,抗病毒病、青枯病。每667米² 产量3000~5000千克。适于保护地和露地栽培。

(13)**京甜3号** 北京市农林科学院蔬菜研究中心培育的中早熟甜椒一代杂种。生长势强,第一花着生节位9~10节。果实方灯笼形,4个心室为主,商品成熟果绿色,果面光滑,品质佳,单果重160~260克,肉厚约0.56厘米,耐贮运。连续坐果能力强,整个生长季节果形保持较好。耐热、耐湿,抗病毒病、青枯病,耐疫病。适于保护地栽培。

6. 目前适合我国北方保护地和露地栽培的辣椒优良品种有哪些？其特性如何？

(1)冀研8号 河北省农林科学院经济作物研究所育成的优良中熟辣椒杂交种。植株生长势强,株型较开展,株高约65厘米,株幅约60厘米。果实粗牛角形,果肉厚,微辣,单果重60～100克,耐贮运。该品种连续坐果能力强,抗辣椒病毒病和日灼病。每667米² 产量3500千克。适于露地地膜覆盖栽培。

(2)冀研19号 河北省农林科学院经济作物研究所育成的优良早熟辣椒杂交种。第一花着生节位8～9节,植株生长势强,株高约60厘米,株幅约55厘米。果实长牛角形,果面光滑顺直,果长20～25厘米,果宽4厘米左右,单果重60～80克,果黄绿色,微辣,耐贮运。抗病毒病,炭疽病,耐疫病。每667米² 产量3500千克左右。适于保护地栽培。

(3)中椒6号 中国农业科学院蔬菜花卉研究所育成的中早熟辣椒一代杂种。植株生长势强,结果多而大。果实粗牛角形,果长12厘米左右,横径4厘米左右,肉厚约0.4厘米,单果重45～62克,果色绿,表面光滑,外观美观,微辣,风味好。抗病毒病,中抗疫病。适宜露地栽培。

(4)京辣4号 北京市农林科学院蔬菜研究中心培育的中早熟辣椒一代杂种。生长健壮,始花节位9～10节。果实长粗牛角形,果翠绿色,果面光滑,单果重90～150克,肉厚0.56厘米左右,耐贮运。连续坐果能力强,抗病毒病、青枯病。适于保护地和露地栽培。

(5)湘研15号 湖南省农业科学院蔬菜研究所育成的辣椒一代杂种。株高60厘米左右,株幅65厘米左右。果实长牛角形,色浅绿,果长约17厘米,果实横径约3.5厘米,肉厚约0.3厘米,单果重35克左右。果肉质细软,辣而不烈。该品种采收期长,且能越夏结果,耐热性强,抗病性突出。每 667 米² 产量 3500～4000 千克。

(6)福湘 1 号 湖南省蔬菜研究所、湖南兴蔬种业有限公司育成的极早熟泡椒,坐果能力强。果实粗牛角形,果长 13～15 厘米,横径约 5 厘米,单果重 60～100 克,果色由浅绿色转为鲜红色,红果长时间不变软,果皮薄,果实品质佳。适宜露地和保护地栽培。

(7)福湘秀丽 湖南省蔬菜研究所、湖南兴蔬种业有限公司育成的中熟泡椒。果实粗牛角形,青果深绿色,生物学成熟果鲜红色,果面光亮,果长 15 厘米左右,横径 5 厘米左右,肉厚约 0.4 厘米,单果重 150 克左右。商品性佳,耐贮运。适于露地和小拱棚早熟栽培。

7. 彩色椒有哪些品种? 其特性如何?

河北省农林科学院经济作物研究所育成彩色椒系列品种如下。

皇冠椒:黄色甜椒杂交种。成熟时果色由绿色转黄色,方灯笼形,果实以 4 心室多,果大肉厚,平均单果重 200 克左右。植株生长旺盛,抗病性较强。

金太阳:橙色甜椒杂交种。成熟时果色由绿色转橙色,果实为 3～4 个心室,灯笼形,果大肉厚。植株生长势强,抗病性好。

紫星椒:紫色甜椒杂交种。坐果后果色即为紫色,成熟时果色由紫色转成红色,果实为 3～4 个心室,灯笼形,果大肉厚。植株生长势强,株型紧凑,抗病性较强。

奶油椒:奶油色甜椒杂交种。坐果后果色即为奶油黄色,极其引人注目,果实为 3～4 个心室,方灯笼形,肉厚。植株生长势中等,叶片较大,浅绿。

国外育成彩色椒系列品种如下。

白公主:蜡白色方果形甜椒杂交种。生长势中等,极早熟,坐果后即为蜡白色,平均单果重 170 克左右,果实成熟时颜色由蜡白色转亮黄色。

黄欧宝:黄色甜椒杂交种。坐果后果实为绿色,成熟时果色由绿色转成黄色,果实为 3～4 个心室,灯笼形,果大肉厚,单果重约 180 克。植株生长旺盛,抗病性较强。

紫贵人:紫色甜椒杂交种。生长适中,坐果后即为紫色,果实为 3～4 个心室,单果重约 150 克,抗烟草花叶病毒(TM3)。

桔西亚:橘红色甜椒杂交种。坐果后果实为绿色,成熟时果色由绿色转橘红色,果实为 3～4 个心室,灯笼形,果大肉厚,抗病毒病。

北京市农林科学院蔬菜研究中心育成的彩色椒系列品种如下。

京彩黄星 2 号:黄色甜椒杂种。成熟时果色由绿转黄,果实方灯笼形,3～4 心室,果大肉厚,单果重 180～250 克。植株生长势强,中熟,抗烟草花叶病毒病。

京彩橙星 2 号:橙色甜椒杂交种。成熟时果色由绿转橙色,果实方灯笼形,3～4 心室,果大肉厚,单果重 190～260 克。植株生长势强,中熟,抗烟草花叶病毒病。

京彩紫星 2 号:紫色甜椒杂交种。坐果后即为紫色,果实方灯笼形,3～4 心室,果大肉厚,单果重 180～210 克。植株生长势强,中熟,抗烟草花叶病毒病。

京彩白星 2 号:玉白色甜椒杂交种。坐果后即为玉白色,果实方灯笼形,3～4 心室,果大肉厚,单果重 180～200 克。植株生长势强,中熟,抗烟草花叶病毒病。

京彩红星 2 号:红色甜椒杂交种。果实成熟时由绿转红,果实方灯笼形,3～4 心室,果大肉厚,单果重 190～260 克。植株生长势强,中熟,抗烟草花叶病毒病。

四、辣椒育苗技术

1. 生产上种植辣椒为什么要育苗？

在辣椒生产中进行育苗主要目的：一是延长辣椒的有效生长期，以提高产量。我国华北地区冬、春季寒冷不适宜辣椒生长，5月到7月上旬的气温，维持在25℃～30℃适宜温度的时间较长，在25℃以下、30℃以上的时间较短，而且这一阶段昼夜温差大，非常适于辣椒的生长发育。此期辣椒开花坐果率高，果实的生长发育良好。因此，为将辣椒开花结果期放在最适宜辣椒生长发育的季节，在栽培上提前进行育苗。在外界环境条件尚不具备辣椒生长发育所要求的温光条件时，在保护设施下，冬春季节可提早播种育苗，使辣椒从播种到幼苗期在设施条件下度过，根据辣椒对光、气、热、水、肥的要求，随时加以调节，培育成适龄壮苗。恰到终霜结束时再定植于露地或采取保护设施条件栽培，这样将辣椒开花结果期放在最适宜辣椒生长发育的季节，有效地延长了辣椒的结果期和采获时间，能显著地增加产量。二是减少苗期占地面积，节约资源。辣椒苗期生长较缓慢，从播种到开花需90天左右，如果在露地、保护地直接播种栽培，幼苗生长就占去生长期的一半时间，而且幼苗生长量较小，占用空间少，集中育苗占地仅为栽培面积的1/20。因此，采用集中育苗不仅占地少，管理集中，减少用工，而且还能节约资源。

2. 为什么要培育辣椒适龄壮苗？

辣椒在3～4片真叶时开始花芽分化，据研究（日本），在甜椒

7片真叶展开时,相继分化形成的花芽有门椒、对椒、四门斗,总计有5～7个花芽,到11片真叶展开时已有24～28个花芽形成,到17片真叶展开时,植株已现蕾开花,内部花芽总数多达49～58个。因此,秧苗营养条件好,花芽分化形成的优质花芽多,花的质量优良,花芽壮,就能为辣椒丰产打下良好基础,农谚说得好:"苗好三成收"。培育适龄的壮苗,是辣椒丰产、稳产的基础,不仅利于早熟,且能促进辣椒发棵,减轻辣椒病害的发生。

3. 辣椒适龄壮苗有什么特点?

育苗期管理得当,播种后发芽、出苗整齐,幼苗的生长速度适宜,不发生徒长,也不因生长速度太缓慢而延长育苗期或形成小老苗。辣椒苗高、叶片数、茎粗壮程度、花蕾出现节位以及质量等均较整齐一致。辣椒壮苗的具体特征是:茎秆粗壮,节间短,根系发达、完整,叶片大小适中,叶厚色深,叶片完整,已出现花蕾,大而饱满,无病虫害,无损伤,大小均匀一致,并且经充分锻炼的幼苗为壮苗。一般冬春育苗需80～100天,夏秋季育苗需40～60天。壮苗一般抗逆性强,定植后发根快,缓苗快,生长旺盛,开花结果早、产量高,是理想的秧苗。

4. 辣椒徒长苗和老化苗各有什么特点?

育苗期管理不当,播种后出苗较慢,缺苗,不整齐,幼苗的生长速度过快发生徒长,或生长速度太缓慢形成小老苗均不是壮苗。

徒长苗的特征是:茎秆细长,节间长,须根少而细弱,叶薄色淡,叶柄较长,子叶脱落,下部叶片往往枯黄;徒长苗抗逆性和抗病性均较差,定植后缓苗慢,生长慢,容易落花落果,比壮苗开花结果晚,易感病,不易获得早熟高产。

老化苗的特征是:茎秆细弱,节间紧缩,根少色暗,叶小,色浓绿或带黄,幼苗生长缓慢,开花结果迟,结果期短,容易衰老。

5.培育辣椒适龄壮苗需要哪些条件?

辣椒幼苗期虽然生长量较小,但生长速度快。培育适龄壮苗,必须满足以下条件。

第一,选择生活力强的种子,即发芽率、发芽势高,且不带病虫,生活力高的种子抗逆性相对增强。

第二,苗床土壤要有良好的理化性质。秧苗是通过根从土壤中吸收水分和矿物质营养,根呼吸需从土壤中吸收氧气。因此,育苗时,必须认真调配床土,满足幼苗的需要。

第三,育苗期内,水分、温度要适合辣椒的生长发育。

第四,在育苗期内尽量满足辣椒对光照的要求,光照严重不足会使秧苗柔弱。

第五,及时分苗,保证适度的营养面积。

第六,及时防治病虫害。

第七,适时进行秧苗锻炼,提高秧苗的适应性和抗逆能力。

6.常用的辣椒育苗设施有哪些?

目前我国北方辣椒栽培已形成了保护地与露地相结合、多种栽培形式交错的周年生产模式。不同栽培方式,不同栽培季节,育苗时间、育苗方式和育苗设施也不同。常采用的育苗设施有阳畦、改良阳畦、日光温室、遮阳棚等。

7.阳畦和改良阳畦各有什么特点?

阳畦和改良阳畦特点介绍如下。

(1)**阳畦** 阳畦也称冷床,主要靠阳光增温,一般不进行人工加温。多用于冬春季育苗。阳畦由风障、畦框、覆盖物(薄膜和草苫或蒲席)组成。可分为槽子畦和抢阳畦2种类型,在草苫管理上前者为卷席式,后者为拉席式覆盖;抢阳畦畦框较薄,风障有倾角(不少于70度),北框高于南框,性能优于槽子畦,但对建造和草苫管理技术要求较高。

(2)改良阳畦 改良阳畦又称小暖窖,主要靠太阳热增温,一般无其他人工加温设备。多用于冬春季节育苗。改良阳畦是由墙体、拱竿、立柱和覆盖物等组成。其保温性能优于阳畦,且温度变化较为缓和,操作也较阳畦方便。

8. 温室有什么特点?

温室主要指加温温室和日光温室,因其采光和保温性能均优于阳畦和改良阳畦,又有人工辅助加温设施。因此,除进行喜温蔬菜秋冬或春季栽培外,常被用来作为冬季严寒期育苗播种的主要场所。温室种类很多,目前生产上应用较多的为单屋面半拱圆塑料薄膜温室,一般主要是利用太阳光进行升温,也有采用炉火加温和电热线加温(提高地温)。塑料薄膜日光温室由墙体、后屋顶、中柱、后柱、前柱(无柱式温室可省略)、拱架、覆盖物(薄膜、草苫)等组成。温室能充分采光,严密保温,环境较易控制,空间大,管理方便,是育苗条件较优越的育苗场所。

9. 遮阳棚有什么特点?

北方地区温室秋冬茬、塑料大棚秋延后、改良阳畦秋延后栽培的辣椒,其育苗时期正值高温多雨季节,为避免雨涝和病毒病危害,育苗场地应选择地势高燥、排水良好的地块,并修筑1~1.65米宽的高畦,四周挖好排水沟,畦面每隔30~50厘米用竹竿插50~100厘米高的拱圆架,其上覆盖旧塑料薄膜,但不应将薄膜扣严,须撩起底脚,以利遮阴降温,防止暴雨冲砸。覆盖薄膜并同时扣盖遮阳网,效果更佳。另外,也可在苗床周围埋设立柱搭成高30~50厘米的平棚架,其上搭盖竹帘、芦帘或铺一层细竹竿、苇子,也可取得良好的效果。搭棚时要注意覆盖物不宜过厚,一般以造成花荫状为宜。覆盖物还应随着幼苗的生长逐渐撤去,否则幼苗易徒长,难以达到培育壮苗的目的。此外,塑料大棚去掉围子也是夏季育苗的理想场所。

10. 辣椒生产常用的育苗方式有哪些? 生产中如何选择育苗方式?

目前,辣椒常用的育苗方式主要有常规育苗、营养钵育苗、工厂化育苗等育苗方法。

(1)**常规育苗法** 也叫地畦育苗,即直接就地修整育苗畦进行育苗。该育苗法一般分两步进行。第一步是在播种床内培育2~3片叶的小苗;第二步是把小苗分栽到分苗床中,培育成栽培用苗。育苗期间也可不分苗。常规育苗法操作简单,有较为完善的育苗规程,省工省事,育苗的费用也比较低,是传统的辣椒育苗方法,也是目前应用最多的育苗法。该育苗法的主要缺点是对辣椒苗根系的保护效果较差,伤根严重,也不宜培育大苗。

(2)**容器育苗法** 营养钵育苗、工厂化育苗等都可称为容器育苗法。营养钵育苗法也分两步进行。首先在播种床内密集培育小苗,再把小苗分栽到营养钵内,在育苗容器内培育成大苗。工厂化育苗又叫穴盘育苗,将种子直接播在穴盘孔内,不进行移栽直接成苗。该育苗法的主要优点是辣椒苗根系完整,定植后一般不需要经过缓苗阶段,有利于早熟,是较为理想的辣椒育苗法,主要用来培育保护地辣椒栽培育苗,特别适用于培育大龄辣椒苗进行早熟栽培。但穴盘育苗成本较高。

(3)**育苗方式的选择** 前述各种育苗方式应根据各地生产、经济、技术条件及种植习惯、栽培季节等不同情况,因地制宜地进行选择。例如,经济不够发达、技术较落后的新菜区,一般可选用常规育苗法,地畦苗床播种、地畦苗床分苗;在经济发达、技术水平较高的老菜区,为减少土传病害侵染,减少伤根,则多选用营养钵或育苗盘育苗;在夏秋高温季节育苗,为减少伤根和病害危害,也可采用穴盘育苗。工厂化大规模育苗也应采用穴盘育苗,穴盘苗重量轻,基质保水能力强,根坨不易散,可以保证运输当中不死苗,便于远距离运输。

11. 什么是穴盘育苗? 穴盘育苗有什么优越性?

穴盘育苗又叫工厂化育苗,穴盘育苗是以草炭、蛭石等轻基质材料作为育苗基质,采用机械化精量播种,一次成苗的现代化育苗体系,是 20 世纪 70 年代发展起来的一项新的育苗技术。由于这种育苗方式选用的苗盘是分格室的,播种时 1 穴 1 粒种子,成苗时 1 室 1 株,并且成株苗的根系与基质能够相互缠绕在一起,根坨呈上大底小的塞子形,故美国把这种苗称为塞子苗,把这套育苗体系称为塞子苗生产。我国引进以后称其为机械化育苗或工厂化育苗,目前多称为穴盘育苗。辣椒穴盘育苗一般采用 72 孔或 50 孔穴盘,也有采用 128 孔穴盘培育苗龄较小的秧苗的。

与常规育苗相比,穴盘育苗有以下优点。

第一,省工、省力、效率高。播种作业自动化,节省人力而且播种精度高,人均管理苗数是常规苗的 10 倍以上。

第二,节省能源、种子和育苗场地。穴盘育苗是干籽直播,1穴 1 籽并且集中育苗,每万株苗耗煤量是常规育苗的 25% ~ 50%,单位面积上的育苗量比常规育苗量大。根据穴盘每盘的孔数不同,每 667 米² 可育苗 18 万 ~ 72 万株。

第三,便于规范化管理,在缺少育苗技术的地区尤为适合。

第四,幼苗的抗逆性增加,并且定植时不伤根,减少病菌侵入机会,没有缓苗期,有利于培育壮苗。

第五,适宜远距离运输。穴盘苗重量轻,基质保水能力强,根坨不易散,可以保证运输当中不死苗。还适宜立体装运,节省空间,适宜远距离运输。

12. 如何选择穴盘及配制育苗基质?

(1)穴盘选择 育苗苗龄为 4～5 片叶,选用 128 孔苗盘较为适宜;育苗苗龄为 6～7 片叶,选用 72 孔苗盘较为适宜。如果育苗场地面积较大,培育现蕾的大龄壮苗选用 50 孔苗盘更为合适。

(2)育苗基质的配制 采用穴盘育苗,选用草炭与蛭石为基质的,其比例为 2：1,或选用草炭与蛭石加废菇料为基质的,其比例为 1：1：1。配制基质时每立方米基质加入三元复合肥(N：P_2O_5：K_2O 比例为 15：15：15)2.5～2.8 千克;或每立方米基质中加入尿素 1.3 千克,再加磷酸二氢钾 1.5 千克;或单加磷酸二铵 2.5 千克。肥料与基质混拌均匀后备用。128 孔的育苗盘每 1 000 苗盘备用基质约 3.7 米^3,72 孔的育苗盘每 1 000 苗盘备用基质约 4.7 米^3。覆盖料一律用蛭石。

13. 辣椒对育苗床土壤有什么要求?

辣椒对育苗床营养土的要求:一是疏松通气好;二是肥沃、营养齐全;三是酸碱度适宜,一般要求中性至微酸性,其中不含对秧苗有害的物质和盐分;四是不含或少含有可能危及秧苗的病原菌和害虫或虫卵。具体要求是营养土的速效氮含量为 300 微克/克以上,速效磷含量为 100 微克/克以上,总孔隙度在 60% 以上,容重小于 1 克/厘米^3。

生产上,采用地畦育苗,多直接在地畦苗床中施入肥料掺匀后直接播种,其具体方法是播种前将床土多次耕翻,整平后每 15 米^2 施入过筛的优质腐熟有机肥 100～150 千克,外加三元复合肥 1～

1.5 千克,掺匀搂平以备播种。

14. 使用塑料营养钵育苗应如何配制营养土?

为达到辣椒对育苗床营养土的要求,一般按下述方法配置营养土即可:未种过茄果类蔬菜的高度肥沃、熟化的表层沙壤土50%,加腐熟过筛的厩肥50%,每立方米加入 0.5～1 千克三元复合肥。土壤过于黏重时加入一些炉灰和沙子,增加床土的疏松透气性。所用原料都需要充分捣碎捣细并过筛,配好肥料后,要使土壤与肥料充分混合均匀,必要时,在搅拌混合的同时加入杀菌和杀虫的农药进行消毒。配制营养土要重磷、重氮,但不要过多施用速效钾,以防影响花芽分化的数量和质量。配制好的营养土堆放在向阳处待用。

15. 如何对苗床土进行消毒?

苗床土消毒主要有 3 种方法,可根据需要选择使用。

(1) 药剂喷淋 在播前床土浇透水后,用 72.2%霜霉威水剂500～600 倍液喷洒苗床,每平方米喷洒 2～4 千克,可以有效地防治猝倒病、立枯病等。

(2)拌药土 用 68%甲霜·锰锌水分散粒剂或 50%多菌灵可湿性粉剂与 50%福美双可湿性粉剂按 1∶1 混合,按每平方米用药 8～10 克与 15 千克细土混合,播种时 1/3 铺在床面,2/3 覆在种子上,使辣椒种子夹在两层药土中间,防止病菌侵入。注意覆土时保证种子上面覆土厚度为 1 厘米左右。

(3)育苗器具消毒 对于多次使用的育苗器具(如营养钵、育苗盘等),为了防止其带菌传病,在育苗前应当对其消毒。可以用40%甲醛 300 倍液或 0.1%高锰酸钾溶液喷淋或浸泡育苗器具进行消毒。

16. 如何确定辣椒种子的播种量和播种日期?

(1)**辣椒播种量的确定** 确定辣椒种子播种量的多少主要根据种子的发芽率、净度、成苗率的高低以及每 667 米² 种植密度来决定。一般情况下,在育苗床内种子的发芽率远比发芽试验的数值要低,而且发芽的种子也不一定都能出苗,在条件适宜时成苗率可达 80%～90%,在温度不适宜的情况下往往不到 50%。此外,还应考虑到苗期的病虫害、鼠害、间苗等因素,适当增加播种量。50 克种子可出有效苗 3000～5000 株,一般栽培条件下,每 667 米² 需用辣椒苗 2000～4 000 株。实际确定播种量时还应增加 15% 左右的保险系数。因此,每 667 米² 需要种子 50～100 克。一般需要播种面积 10 米² 左右,分苗面积 30 米² 左右。

上述播种量是指传统育苗法的播种量。如果采用营养钵育苗法或穴盘工厂化育苗法,大多采用点播种技术,一次播种一次成苗,播种量应适当减少,根据种子的质量好坏,按实际育苗数的 1.2～1.5 倍准备种子即可。

(2)**辣椒的播种日期的确定** 根据品种的熟性、气候因素、育苗条件、栽培方式等来确定。其原则是:要把应用品种的旺盛生长期和产品器官形成期(也就是结果期),安排在最适宜生长的季节内。确定的方法是从辣椒出苗起到定植的生长天数,早熟品种为 40～50 天,中晚熟品种为 60～70 天,再加上播后出苗的天数,即为育苗日数。播种期就是从预先确定的定植期起,向前推计划育苗日数的那个日期。例如,河北省中南部地区露地栽培晚熟品种,是在 4 月下旬晚霜过后定植,阳畦播种需 25～35 天出苗,播种期应是 1 月中旬。早熟品种或是晚熟品种采用温室或电热温床育苗,应适当延后晚播。

按照确定的播种期播种,能否育成适龄壮苗,还要看苗床管理与天气状况配合是否适当。天气冷或育苗期内阴雪天多,幼苗生长慢,应以促为主,反之则应控制幼苗生长。

17. 如何对辣椒种子上携带的病原菌进行消毒处理?

辣椒的许多病害是由种子带菌传播的,为了杀灭种子上携带的病原菌,催芽或播种前必须对种子进行消毒,常用的方法有以下两种。

(1)温汤浸种 可杀死潜伏在种子表面的一些病原菌,方法简单易行,可与浸泡种子结合进行。将辣椒种子用纱布包好,置于55℃热水中(即 2 份开水对 1 份凉水)浸泡,并不断搅拌,保持10~15 分钟,然后将水温降至30℃开始转入浸种或药剂处理。

(2)药剂处理 药剂处理种子目的是杀灭附着在种子表面的病原菌。种子先用清水浸泡 2~4 小时后,再置入药剂中进行处理。常用药剂消毒方法:用 1‰硫酸铜浸种 5 分钟,可防治炭疽病和疫病的发生,然后用清水冲洗干净,再用 10‰磷酸三钠浸种20~30 分钟,可钝化病毒的活性,防止病毒病的发生,用清水冲洗干净;或用 200 毫克/升硫酸链霉素浸种 30 分钟,对防治疮痂病、青枯病效果较好;或用 0.3‰高锰酸钾浸泡 20~30 分钟,可防治病毒病。药剂浸种后,一定用清水反复冲洗 2~3 次,直到冲洗干净,防止产生药害。

18. 如何对辣椒进行浸种催芽?

种子消毒完毕可继续浸种 6~10 小时,浸种时间过长或过短都不利于种子发芽。浸种完毕,捞出种子并用温水淘洗 2~3 遍,置通风处稍晾,再用纱布、毛巾或麻袋片等通透性好的布料包裹,放入洁净的泥瓦盆或木箱中,上盖湿布,置温箱、温室烟道或火炕上催芽。有条件的放在恒温箱内催芽更好。催芽温度宜保持在25℃~30℃,未出芽前,经常翻动种子,每天用温水淘洗 1 遍,使种子受热均匀,保温通气,3～4天后种子开始"裂嘴",4～5天后60%～70%的种子出芽,此时宜将温度降至25℃左右,待芽长有1毫米左右时即可播种。倘若天气恶劣或其他原因不能及时播种,则可将种子置于5℃～10℃低温处存放待播。

有些地方不进行催芽,可将浸种完毕的种子捞出,将种子表面水分稍晾,与沙混合后播种到育苗畦中。

19. 辣椒如何进行播种?

(1)浇足底水　无论采用常规育苗床育苗、营养钵(块)育苗还是穴盘育苗,播种前,一定浇足底墒水。一般采用常规育苗床育苗,浇水湿润至床面20厘米深,水渗后,把积水的凹处用细土填平。若床面不平、干湿不均,则出苗不齐;苗床水分充足,有利于种子发芽出苗;浇水量不足,出苗前土壤干旱,使已发芽的种子死芽,还会影响幼苗的生长。出苗前因土壤干旱浇水易使苗床土板结降低出苗率;若底水过大易发生猝倒病。采用营养钵(块)育苗或穴盘育苗,播种前应反复浇水2～3次,直至营养钵(块)或穴盘内的基质全部湿润为止。

(2)播种　采用常规地畦育苗床育苗,播种一般采用撒播或条播。撒播播种要均匀,为了使撒播种子在苗床上分布均匀,播种前向催芽的种子中掺些沙子,使种子松散;条播种子前,注意开沟不能太深,防止覆土过厚导致出苗困难。营养钵育苗,将种子穴播于营养钵内。穴盘育苗,打孔播种,播种深度1～1.2厘米,覆盖蛭石。营养块育苗,浇足底墒后,将种子播于孔中。

20. 辣椒播种后覆土多厚为宜?

播种后尽快用细床土覆盖种子,防止晒干芽子和底水过多蒸发。如果床土黏性较大,可以掺些沙子,防止出苗时顶土,顶土时进行裂缝撒土。覆土厚度一般标准为种子厚度的 3～5 倍,约 1 厘米的厚度。盖土要求全床厚度一致。覆土过薄,一是水分蒸发快,土壤干燥影响种子发芽出苗;二是会造成戴帽苗出现,使子叶伸展不开,影响长势和光合作用。如果覆土过厚,一是种子周围的水分容易保持,但空气透入减少,不利于种子出苗;二是辣椒出土困难,苗弱,抗病性差。故严寒季节覆土宜偏薄,反之则宜厚。穴盘育苗,覆盖蛭石 1～1.2 厘米。盖土后应当立即用塑料薄膜覆盖苗床面、育苗盘等保湿。由于夏季育苗外界气温较高,床面保湿覆盖物宜选用遮阳网或稻草覆盖,若用地膜覆盖床面,升温较高,易烫伤种子和幼苗,降低出苗率。发现幼苗拱出土,及时揭除苗床覆盖物,让幼苗及时见光,防徒长。

21. 辣椒播种后出苗前容易出现哪些问题?

播种是一项细致而技术性又十分强的工作,稍一疏忽就会出现问题。容易出现的问题有以下几方面。

(1)**床土板结** 播种后出苗前因苗床干旱浇水,床土表面结成硬皮,称为床土板结。床面板结阻止空气流通,妨碍种子发芽时对氧气的需求,不利于种子发芽。已发芽的种子被板结层压住,不能顺利钻出土面,致使幼苗细茎弯曲,子叶发黄,不利于培育壮苗,因此床土应疏松透气。

(2)**不出苗** 播种后种子不出苗的原因主要有两方面:一是种子质量低劣,失去发芽力的陈旧种子不能正常出苗。二是育苗环境条件不适宜。育苗时正值高温多雨季节,温度过高,超过 35℃以上,湿度过大也会阻止种子发芽,甚至使已发芽的种子死亡;冬季育苗温度过低,低于 15℃以下时,种子不发芽,长期低温可引发沤籽,降低出苗率。

(3)**出苗不整齐** 出苗不整齐有两种情况:一种情况是出苗的时间不一致,会给管理增加困难;另一情况是整个畦内秧苗分布不均匀。

(4)**幼苗顶壳出土(子叶戴帽)** 播种后覆土较薄,幼苗出土时由于土壤阻力小,使种壳不能留在土壤中,而随子叶戴帽出土,使子叶伸展不开,影响长势。为了防止辣椒"戴帽苗"的出现,播种时应该注意将种子扁平放在营养土面上,不要把种子立着插在营养土中,而且要轻轻按一下种子,使种子与营养土紧密接触,覆土1~1.2厘米。

22. 辣椒播种后温度如何管理?

辣椒种子发芽适宜温度为25℃～30℃,温度过高、过低都不利于出苗和秧苗生长。冬、春季育苗外界气温较低,应采用增加透光、密闭棚室、夜间增加草苫等增温保温措施。无加温设备的阳畦、温室,要尽量利用阳光提高苗床温度。草苫要早揭早盖,早揭可利用阳光提高床温,早盖是因为苗床经近一天的日晒,到下午3时以后,床内的温度比冬季外界气温高得多,早盖可保持和延长苗床的高温时间。一般上午9时揭苫,下午4时左右盖苫。电热温床育苗,出苗前应昼夜通电加温,出苗后可适当降温防徒长。夏、秋季育苗,外界气温较高,应采用遮阳降温、通风降温等措施,使温度尽量控制在发芽适宜温度范围和幼苗生长适宜温度范围(表3-1)。

表 3-1　辣椒苗期适宜温度管理表　(单位℃)

时　　期	适宜日气温	适宜夜气温	需通风温度	适宜地温
播种至齐苗	25～30	20～22		22
齐苗至分苗	23～28	18～20	30	22
分苗至缓苗	25～30	18～20	32	20
缓苗至定植前	23～28	15～17	30	20

23. 辣椒播种后水分如何管理？

出苗过程中，如果床土逐渐干燥，出现干旱情况，应适当补充水分。为了防止床土板结，应当用多孔喷壶有顺序地从一端向另一端喷洒，但不宜多次重复喷洒，使床土保持湿润，避免床土板结过硬而降低出苗率。苗齐后土壤干旱，可适当浇小水。

3～4 片真叶期，辣椒的幼苗开始花芽分化。这一时期温度、光照和水分管理如何，对产量特别是早期产量影响很大。苗期保持土壤的湿润，有利于优质花芽的形成。

24. 辣椒播种后光照如何管理？

良好的光照条件是培育辣椒壮苗的基本条件，因此冬春季育苗应及时揭开草苫，增加光照时间，提高苗床温度，促进出苗和秧苗生长。要经常使玻璃或塑料薄膜保持清洁，以增加透光性。夏季育苗播种后适当遮光降温，促进出苗。发现幼苗拱出土面，及时揭除苗床覆盖物，让幼苗及时见光，防徒长。注意：在子叶顶土期间，晴天中午前后气温过高，棚顶可用遮阳网等遮阴，防止烤坏子叶（嫩芽）。出苗后逐渐撤去遮阳网，增加光照，防止徒长，培育壮苗。

25. 辣椒播种后如何进行通风？

辣椒幼苗出齐后，要逐渐通风，掌握一天当中要由小到大，再由大到小，顺风向通风的原则，冬春季育苗随着幼苗的长大和外界气温的升高，通风的时间和程度要逐渐加长和加大，同时要根据幼苗的不同长势，灵活多变地进行通风管理。夏秋季育苗更应及时通风降温防徒长。

26. 辣椒在苗期如何进行施肥管理?

如果营养土配制时施入的肥料充足,整个苗期可不用施肥。如果发现幼苗叶片颜色变淡,出现缺肥症状时,可喷施少许质量有保证的磷酸二氢钾,使用倍数为 500 倍液,还可加上 0.1% 的尿素水溶液。育苗过程中,切忌过量追施氮肥,以免发生秧苗徒长影响花芽分化。穴盘育苗,当基质中肥料不足,幼苗长到 3 叶 1 心时期以后出现缺肥症状时,结合喷水进行 2～3 次叶面喷肥,以三元复合肥或磷酸二氢钾加尿素为宜,浓度以 0.2%～0.3% 为宜。

27. 辣椒出苗后为什么要及时间苗? 辣椒间苗应注意哪些问题?

辣椒出苗后,幼苗密度过大时,不仅辣椒秧苗间容易发生遮光,导致苗床内部光照不足,下胚轴伸长过长,引起幼苗徒长,形成所谓的"高脚苗",而且也容易因苗床密度过大,辣椒苗倾斜生长,形成"弯茎苗"。因此,辣椒苗床应在出苗后及早间苗。另外,早间苗也有利于减少多余幼苗对土壤营养的消耗,使更多的土壤营养集中供应保留的幼苗。一般在苗床出齐苗后就开始首次间苗。

辣椒间苗应注意如下问题。

第一,首次间苗的时间以早为好,要在幼苗开始发生拥挤前进行间苗。

第二,每次的间苗数量不要过大,要分几次间苗,以确保苗床内有足够的留苗量备用。适宜的间苗量和间苗次数以幼苗间不发生拥挤为标准。

第三,要按照"去弱留壮、去小留大、去病留好、去劣留优"的原则进行间苗。

第四,间苗前如果育苗畦过于干燥,应提前 1 天将苗床浇湿,以减少幼苗的带土量,避免带土过多,伤害临近保留的幼苗根系。

第五，间苗后结合撒土，将倒伏或歪倒的幼苗扶正，对播种浅发生露根的苗要用土将根盖住。或轻喷一次水，沉落间苗时带起的浮土，喷水后再轻覆一次土，压湿、保湿。

28. 辣椒为什么要分苗？辣椒如何进行分苗？

(1)辣椒分苗的原因　辣椒分苗有利于合理利用苗床，避免播种床幼苗期拥挤，也有利于淘汰弱苗、病苗，使幼苗整齐一致；同时还因分苗时主根受伤而促发幼苗生出更多的侧根，从而使幼苗定植后根系能较集中地分布于耕作层内。

分苗过早，幼苗的组织幼嫩，对不良环境的抵抗能力较差；同时，幼苗小，生长势也比较弱，根系偏小，分苗后不易缓苗，幼苗的成活率比较低。分苗过晚，一是由于受播种床密集播种的限制，分苗时所带根量比较少，伤根比较严重，吸水能力骤减，也容易造成辣椒幼苗萎蔫，延长缓苗时间；二是赶在花芽分化期间进行分苗，影响花芽正常分化，降低花芽分化的质量，造成将来的落花、落果以及形成畸形果等。辣椒苗一般于第三至第四片真叶长出后开始花芽分化，应赶在花芽分化以前进行分苗，较为适宜的分苗时间应是第二片真叶展开后、第三片真叶展开前，即幼苗长有 2 叶 1 心至 3 叶 1 心时进行分苗。

(2)辣椒分苗步骤

①炼苗　辣椒分苗前要进行炼苗，主要目的一是减缓辣椒苗的生长速度，促进辣椒苗的各器官组织充实、硬化，增强对不良环境的抵抗能力；二是促进辣椒苗的根系生长，增加生根量，增强根系的吸水能力，防止缓苗期间发生严重萎蔫和枯死，提早缓苗。一般于分苗前 5～7 天开始。炼苗期间不浇水，让苗床保持半干半湿或多干少湿状态。此期如果苗床比较干旱，应在炼苗前把苗床浇足水，不十分干燥时，可撒湿土代替浇水。炼苗期间的适宜温度是：白天温度 25℃左右，夜间温度 8℃～12℃。此期还应加强苗床

的通风管理,强化炼苗的效果。

②分苗　分苗宜选择晴天进行,分苗床营养土配制同育苗床。一般分苗畦采用南北延长的槽子畦。分苗时从分苗床一端开始沿分苗床横向(宽窄方向)开沟,沟深5~6厘米,沟距8~10厘米,浇水至八分满,水将渗完时,每6~7厘米摆放1棵苗,再覆土与地面平齐,并用苗铲轻拍覆土镇压,最后用苗铲扶正秧苗。如此进行第二、第三沟……随着分苗工作的进展,要及时回苫遮阴,以防日晒萎蔫影响缓苗。

(3)辣椒分苗时应注意的问题

①浇水要适量　水少则缓苗慢甚至死秧,造成缺苗断垄;水过多则操作不便,不利于地温迅速升高而影响缓苗。

②覆土要严密　覆土不严,不仅跑风漏气,而且根系与土壤间的间隙不利于根毛的滋生及对水分和养分的吸收,因此影响成活率。

③合理回苫　分苗后需连续3天白天加盖草苫,及时回苫遮阴,以防日晒萎蔫影响缓苗。分苗第一天上午8~10时揭苫,10~15时盖苫(回苫),第二、第三天每天回苫时间比头天缩减1小时。

29. 辣椒分苗后如何进行田间管理?

辣椒不易徒长,故在此段时间内,多掌握先促后控和控温不控水的原则。具体措施是缓苗期不放风,分苗后1周内为促进根系生长,加速缓苗,苗床宜保持白天25℃~32℃,夜晚18℃~20℃,地温18℃~20℃,7天后幼苗开始发根,新叶见长,此后为避免秧苗徒长,开始降温防徒长。先开小风,以后逐渐加大通风量适当降温,床苗宜保持白天23℃~28℃,夜晚16℃~18℃。当秧苗有4~5片真叶时要浇小水,浇水后中耕,以提高地温促苗早发;6~7片和8~9片真叶时各浇水1次,并结合浇水每畦追尿素200克。浇水追肥后要中耕锄草。采用营养钵分苗,分苗后应掌握见干见湿,控温不控水的原则。

30. 辣椒育苗期间如何预防形成徒长苗?

育苗期管理不当,苗床光照不足以及苗床温度长时间偏高、湿度过大,幼苗的生长速度过快发生徒长,形成"高脚苗"。其主要特征是苗茎细长,叶片瘦小,苗茎和苗叶的颜色比较浅、组织幼嫩,容易倒伏,在强光的照射下也容易发生萎蔫。

避免出现徒长苗(高脚苗)的措施:一是要加强苗床的温度和湿度管理,防止夜间温度偏高和土壤湿度长时间偏大;二是要加强苗床内的光照管理,保证苗床内充足的光照;三是随着幼苗的逐渐长大,要及时间苗,防止幼苗间发生拥挤;四是要及时分苗,保证适度的营养面积。

31. 辣椒育苗期间如何预防形成老化苗?

播种后出苗较慢,生长不整齐,幼苗生长迟缓形成小老苗。主要发生在低温时期育苗中,其主要原因是由于苗床内的温度过低;另外,苗床土壤干燥缺水,以及施肥过多时也会引起幼苗生长迟缓。

避免幼苗形成老化苗的措施:一是低温期育苗要尽量选用增温、保温性能较好的育苗设施进行育苗;二是要根据苗床的湿度变化及时浇水,保持苗床适宜的湿度;三是要按育苗土的配制比例要求配制育苗土,避免施肥量过大。

32. 辣椒为什么要进行秧苗锻炼?

秧苗锻炼主要是通过人为改变秧苗的生长环境,对辣椒苗进行低温、干旱、多风等方面的适应性锻炼,使秧苗对环境的适应力增强,有利于提高抗寒、抗旱、抗病虫的能力,为定植后的早缓苗、早发棵奠定基础。

如果不进行炼苗，而是直接把秧苗从苗床内移栽到栽培田内如露地栽培，往往会因栽培田内的环境不良，而延长秧苗的缓苗时间，严重时甚至会造成死苗。因此，在秧苗定植前进行抗逆性锻炼，增强其对不良环境的适应能力是十分必要的。如果秧苗的栽培环境与育苗床内的环境差异不太大时（如在温室内育苗并在温室内栽培），本着省工省事的原则，也可以不进行炼苗。

33. 辣椒在低温期和高温期如何进行秧苗锻炼?

(1)低温期辣椒秧苗锻炼方法　在冬春低温时期培育的辣椒秧苗主要用于早春栽培。根据早春低温、干燥和多风的特点，此期应围绕增强秧苗的耐低温能力、耐干燥能力和抗风能力进行秧苗锻炼，具体做法如下。

①耐低温锻炼　一般在秧苗定植前 7～10 天开始炼苗。低温锻炼时，苗床温度的降低要逐步进行，不可突然降低过多，以免引起秧苗受伤害。炼苗时先把苗床白天的温度降低到 25℃ 左右，夜间的温度下降到 10℃～12℃。3 天后再把白天温度下降到 20℃ 左右，外界温度在 15℃ 以上时，白天可撤掉苗床上的小拱棚，让辣椒秧苗暴露在自然条件下进行生长。夜间温度降低到 8℃～10℃ 范围内，此阶段如果苗床外的夜间温度不低于 8℃，还可以撤掉苗床夜间的保温覆盖物，让秧苗在自然条件下进行生长，如果温度低于 6℃，就要注意下半夜的苗床保温。定植前 2～3 天夜间可不用覆盖草苫等保温材料，使秧苗所处温度条件与定植环境一致。

②耐干燥锻炼　耐干燥锻炼对于早春露地定植的辣椒尤为重要，此时的气候特点是低温、干燥和多风。采取的主要措施是停止或减少苗床浇水，加强苗床的通风管理。低温期育苗，苗床的温度不高，浇水后往往苗床内容易长时间保持较高的湿度，秧苗生长幼嫩，不耐干燥和多风。所以，低温期炼苗过程中，苗床不是十分干

旱一般不要浇水。如果炼苗前,苗床控水较重,苗床发生干旱可浇一小水。通风能够降低苗床内的空气湿度和土壤湿度,是进行抗风和耐干燥锻炼所不可缺少的措施之一。炼苗阶段的通风量要逐渐加大,在不影响苗床温度需要的前提下应尽量加大通风口,延长通风的时间。当苗床外界的温度较高,不会对辣椒秧苗产生伤害时,要及早撤掉保温覆盖,让辣椒苗完全进入低温、干燥和多风的露天环境。

(2)高温期辣椒秧苗锻炼方法 高温时期培育的辣椒秧苗主要用于秋延后栽培,此期的气候特点是高温、高湿、强光,应围绕增强苗子的耐高温、耐强光以及耐干旱等能力进行炼苗。具体措施:一是让辣椒苗在自然光照下进行生长,辣椒苗不发生萎蔫时不遮阴;二是减少浇水,使苗床表土保持一半干燥状态;三是加大苗距,保持辣椒秧苗间良好的通风和透光条件。

34. 什么是烤苗现象?辣椒出现烤苗现象的补救方法是什么?

辣椒出现烤苗现象是苗床管理不当造成的一种高温生理病害,具有发病快、危害大的特点。其症状首先是下部叶片萎蔫下垂、干枯,幼苗茎秆变软,进而整株叶片萎蔫下垂,随着高温时间的延长,幼苗可干枯死亡。发生烤苗的主要原因是苗床土壤水分不足,加上苗床内温度过高(气温在40℃以上时易发生烤苗),秧苗吸收的水分不能弥补叶片的蒸腾损失,以致幼苗萎蔫、逐渐失水干枯。一般在暴晴天阳光充足时,放风不及时,苗床温度过高易发生烤苗现象。因此,在苗床管理中,遇暴晴天应及时放风降低温度。保持苗床合理的土壤水分及适宜的温度,不仅是秧苗健壮生长、培育壮苗的需要,也是预防多种生理障碍,保证生产正常进行的需要。发生烤苗现象时,应及时给苗床补充水分,同时扩大放风口,增加苗床通风量,降低床内温度,必要时可在中午高温期遮阴,以防止幼苗受害程度的加剧。

35. 什么是闪苗现象？辣椒出现闪苗现象的补救方法是什么？

辣椒出现闪苗也是苗床管理不当造成的一种生理性病害。它是由于环境条件突然改变而造成的叶片凋萎、干枯的现象，这种现象在整个苗期都可发生。外界温度较低、苗床内温度较高时突然大量放风，使苗床内外的空气交换量突然加大，苗床内空气相对湿度骤然下降，造成幼苗叶片蒸腾加剧，失水过多，致使秧苗萎蔫、叶片上卷，严重者叶片干枯。

在苗床管理上，一般在床内气温 25℃ 以上时就应及时通风，遇到外界风力较大、气温又较低的天气，通风口一定要选在顺风向开口，放小风，更要避免吹过堂风。发生闪苗后应及时查清原因，采取相应的补救办法，或减小风口，或关闭一侧风口，防止受害程度加剧。

36. 辣椒育苗期间遇到不利天气应如何管理？

(1)**连阴天气** 遇到这种天气，应照常揭盖草苫，尽量使秧苗多见阳光。要掌握晚揭早盖的原则，夜间加双层草苫保温，如果育苗畦长时间不能回温，应架设灯泡升温或添加其他增温设备。

(2)**雨雪天气** 遇此情况，草苫上要提前盖一层塑料膜，并及时清扫积雪，以保持草苫及苗床周围干燥。天气转晴后，如秧苗萎蔫，要适当回苫。

(3)**大风天气** 遇此天气要压牢覆盖物，不可让风吹掉，造成闪苗冻害，夜间要用砖或重物压牢草苫。

(4)**秧苗锻炼期间遇雨** 要遮盖苗床防雨。

五、露地辣椒栽培关键技术

1.露地辣椒栽培有哪几种形式?

辣椒是喜温果菜,怕霜冻,露地栽培只能在无霜的季节里进行。露地栽培就是根据辣椒这一特性安排的。当前生产上露地栽培有春季早熟栽培、恋秋栽培和错季栽培3种主要栽培形式。

春季早熟栽培方式主要在我国华北地区采用,一般在4月中下旬露地断霜后定植,7月底8月初拉秧,下茬种植大白菜、秋黄瓜、秋甘蓝和秋菜花等。恋秋栽培在4月中下旬露地断霜后定植,到10月中下旬下霜时拉秧,生育期较长。错季栽培主要在河北省的张家口、承德地区及东北部分地区,一般在5月中下旬定植,7月中下旬至9月中下旬采收,9月下旬下霜后拉秧。这种栽培形式主要供应8、9月份蔬菜淡季,经济效益较好。

2.如何选择露地辣椒栽培品种?

辣椒露地栽培在品种的选择上,总的来说要求所用品种必须具备以下条件。

(1)对温度的适应能力强 要求所选品种不仅耐高温能力强,能够安全越夏,而且耐低温能力也要强,以利于春季提早定植和秋季延迟栽培期。

(2)耐强光的能力要强 要求夏季在强光照射下,不发生病害,尤其要求抗病毒病的能力强。

(3)结果能力强 特别是在夏季高温、高湿气候条件下的结果能力要强,不发生落花落果现象,也不早衰。

（4）**抗病能力强** 所用品种的抗病能力要强，特别是要高抗辣椒疫病、炭疽病、病毒病等主要病害。

另外应根据露地不同栽培形式，选择不同类型的辣椒品种。春季早熟栽培主要是为了提早上市、抢先供应和提高产值，一般采用早熟品种如中椒 5 号、冀研 6 号、冀研 12 号、冀研 28 号、甜杂 3号及辣椒品种福湘 1 号、福湘 2 号、苏椒 5 号等。恋秋栽培从春到秋生长期较长，一般选用生长势强、生育期较长、抗病性较强的中晚熟品种更为有利，甜椒品种如中椒 4 号、冀研 4 号、冀研 13 号、冀研 12 号和辣椒品种冀研 8 号、保加利亚、苏椒 2 号等。错季栽培也可选用生长势强的中晚熟品种。

3. 露地辣椒栽培对育苗有哪些要求？

（1）**育苗设施的选择** 辣椒露地栽培主要在春季终霜过后定植，其育苗却要从冬季开始，因为各地条件不同，育苗设施一般采用日光温室、加温或不加温的小暖窖、塑料大棚、中棚、小棚、温床、阳畦等联合育苗。

（2）**种子处理** 播种前要对种子进行消毒处理，减少苗期病害。

（3）**培育壮苗** 播种时间要适宜，以便培育适龄壮苗。适宜的辣椒秧苗大小为苗茎顶端刚现花蕾或现小花蕾。

（4）**进行分苗** 露地栽培辣椒，春季低温、干旱，定植后辣椒秧苗容易发生萎蔫，通过分苗可促进根系生长，缩短缓苗期。

（5）**进行护根育苗** 最好采用营养钵（袋）进行护根育苗，以减少定植伤根，促进早缓苗。

（6）**进行炼苗** 定植前 1 周进行秧苗锻炼，增强辣椒苗的耐寒、抗风、耐干燥能力。

4. 如何确定露地辣椒栽培的育苗期?

露地辣椒栽培一般都习惯采用长龄大苗,日历苗龄多在 80~110 天;也有主张使用 65 天左右日历苗龄的。据宋世君观察,以日历苗龄 110~120 天为好。这样的秧苗一级侧根多且较粗壮,定植后恢复生长快,感染病毒病的机会少,产量高。从生理苗龄来看,中晚熟品种以长有 10~14 片真叶,90%的幼苗现蕾为宜。

春季早熟栽培、恋秋栽培一般在 4 月中下旬露地断霜后定植,育苗期一般确定在 1 月中下旬至 2 月初;错季栽培一般在 5 月中下旬定植,育苗期一般确定在 2 月下旬至 3 月上旬。选用的育苗设施不同,育苗期也不同,一般保温性好的育苗期可短些,保温性差的育苗期可长些。

5. 露地栽培辣椒采用地膜覆盖有什么优越性?

露地地膜覆盖栽培投资少,简便易行,效益较高。与露地栽培比较有以下几点优越性。

(1)**提高地温** 太阳光可透过薄膜使地温提高,在春季早熟栽培定植初期尤为明显。据试验,覆膜的土壤地面平均增温 6.2℃,尤其是 5~15 厘米的耕作层增温效果好而稳定。这对促进辣椒根系的生长和定植后的缓苗十分有利。

(2)**保墒** 我国北方春季比较干旱,覆膜后可减少土壤水分的蒸发,有较好的保墒效果,使土壤含水量保持稳定,减少灌水次数,不仅可提高地温,还可避免土壤养分的流失,保持土壤疏松度。

(3)**防涝** 在雨季可以阻挡雨水垂直渗入土壤中,并汇集降水从畦沟排泄到田外,从而减轻沥涝危害。

(4) **改善土壤的物理化学性质,提高土壤肥料利用率** 据试验,覆膜区比不覆膜区 0~20 厘米土层土壤容重下降 0.07~0.11

克/厘米^3,总孔隙度增加 2.6%~3.9%,说明土壤疏松通气状况良好,有利于根系生长发育。地膜覆盖后,膜下土壤的温度、湿度和空气适合微生物的活动,可促进土壤肥料分解、转化,因此土壤中可利用态的氮、磷、钾大大增加,提高了肥料利用率。

(5)**节约劳动力**　覆盖地膜有抑制杂草和减少水分蒸发的作用,减少浇水和中耕、除草次数,而减少用工。

(6)**改善近地面小气候条件**　特别是改善了植株中下部的光照条件。

(7)**减轻杂草和病虫危害**　覆膜畦垄如果土细平直,无坷垃,这样薄膜与畦面紧贴,杂草出土后,由于膜下温度高,可烫死杂草和表层病菌、虫卵,能有效地防治杂草丛生和病害危害。另外,由于覆膜后使表土和空气隔离,一些靠雨水飞溅而传染的病害(疫病、炭疽病、细菌性病害等)就会减少,因此也有减轻病虫危害的作用。

(8)**产量高,效益好**　由于有上述优点产生的良好作用,可以促进辣椒早缓苗早发棵,植株生长繁茂,减轻病虫害的危害。一般可提早 5~10 天上市,增产 20%左右,可达早熟、高产、高效益的目的。所以,目前辣椒露地生产上提倡采用地膜覆盖栽培。

6.如何选择辣椒的定植地块?

辣椒对土壤的要求比茄子、番茄要严格,但总的来看对土壤的适应能力还是比较强的。辣椒对土壤的适应性比甜椒强,黏土、沙土、壤土、肥沃土壤、贫瘠土壤都可栽培,但辣椒、甜椒都以选择地势高燥、耕性良好、能排能灌、有机质较多的肥沃土壤和沙壤土栽培为好。重壤土、黏土及低洼易涝地、盐碱地均不适宜于辣椒栽培。选择 2~3 年内未种过茄科蔬菜的地块,避免在前茬为棉花、西瓜的地块种植,前茬可选择禾谷类、白菜类、豆类和速生菜类茬口。春白地地块最好在前 1 年秋后深耕,冬季冻垡、晒垡,使土壤充分风化、分解,以恢复和增强地力,并杀灭病虫害。

7. 辣椒地膜覆盖栽培如何整地施肥?

整地时要彻底清除枯枝、根茬等杂物,然后进行深翻、耙碎、整平,以确保辣椒根系正常生长。由于地膜覆盖以后再施用有机肥比较困难,且地膜覆盖以后产量有大幅度提高,所以在整地时一定要施足基肥,这是地膜覆盖栽培获得高产的一个关键。另外,地面要整细整平,覆膜要严密防止杂草丛生。

辣椒是多次采收的高产蔬菜,欲获高产就应多施肥料。施肥应以有机肥为主,增施有机肥可提高土壤持久供肥力和改善耕作性能;以化肥为辅,科学施用化学肥料,做到氮、磷、钾肥配合施用。一般中等肥力的土壤每 667 米^2 需施用优质有机肥 5 000～7 000 千克、过磷酸钙 50～100 千克、硫酸钾 20 千克、尿素 10 千克。春耕前铺施肥料总量的 70%,施耕两遍,粪土掺均匀后修筑田间灌排水沟,整平地块,并按行距要求开沟。一般要依所用品种植株开张度大小,按 50～60 厘米的行距开沟,沟深 10～15 厘米,然后将剩余的 30%肥料混合后施入沟内,与土混匀,留沟或起垄等待定植。

8. 辣椒地膜覆盖栽培如何覆盖地膜?

辣椒地膜覆盖栽培一般采用小高垄覆盖形式,其增温效果比平畦高 1℃～2℃。地块施肥整平后进行起垄,起上宽 30～40 厘米、下宽 50～60 厘米、垄距 40～50 厘米、长 10～20 米的小高垄,用耙子将畦面搂平后覆膜。人工覆膜需要 3～4 人一组,首先在垄头或畦头将膜压紧,然后由 1～2 人将膜展开并拉紧,使膜紧贴地面,另 2 人将膜两侧用土压严,垄沟或畦沟不能覆盖,留作浇水与追肥用,一般情况覆盖面积占 60%～70%,要根据当地具体情况选择宽度适合的地膜。一般在定植前 3~5 天，选无风天气覆盖地膜，每 667 米² 需用地膜 10 千克左右。

9. 辣椒地膜覆盖栽培如何喷施除草剂？

地膜覆盖栽培如果畦面整地不平、坷垃较大或覆膜不严密易丛生杂草。为防杂草，铺膜前可使用除草剂氟乐灵抑制杂草，一般每 667 米² 使用 48％氟乐灵乳油 100 毫升，对水喷施。方法是铺膜前均匀喷洒畦面，因氟乐灵见光分解，喷药后立即浅耙畦面土壤，使氟乐灵与畦土充分混匀，然后覆地膜。覆盖地膜要求严密、牢靠，覆膜质量不好，产量和效益都将受到影响。

10. 如何确定露地辣椒定植日期？

定植日期的确定对产量影响较大。定植过早，尚未断霜，定植后一旦遭受冻害，势必严重影响生长发育。定植过晚，秧苗过大，则缓苗缓慢，影响前期产量。具体的定植日期确定，要在当地露地终霜结束后，地温一般稳定在 15℃ 以上，选择晴天定植。河北省中南部的定植适期是 4 月下旬至 5 月初。如秧苗已现蕾，则应及早定植；如秧苗尚小，则应将定植期适当错后，以利秧苗在苗床内优越的小气候和便于管理的条件下，能快速生长发育，待幼苗达适龄壮苗后再行定植。

少数晚春早夏茬栽培的辣椒，应在 5 月中下旬春播绿叶菜收完后立即整地栽植。栽植越晚，外界气温越高，栽后缓苗越困难，若浇水不及时，易造成严重死苗。

11. 辣椒栽培为什么要合理密植？如何确定定植密度？

辣椒对光照要求不严，光饱和点仅 3 万~4 万勒，比番茄和茄子低,因此合理密植可提高产量。合理密植的群体,单位面积内株数增加,可促进根系向纵深发展,并使叶面积随之加大,因此可充分利用光能制造养分。在植株不疯秧徒长的情况下,各层果枝仍能正常结果,所以不仅能提高前期产量,而且也能使总产量有一定的提高。辣椒群体产量是个体产量的总和,但并非个体产量的简单相加。个体产量受密度、地力、品种、管理水平、株幅等因素的影响,高产群体的合理密度,应是株幅略小,个体产量略低而总体产量最大。一般中晚熟品种较为合理的密度是每 667 米^2 栽植 3 000~3 500株,平均行距为 50~55 厘米,株距 33~36 厘米;早熟品种以每 667 米^2 3 500~4 000 株较好。另外,株幅、叶片较大,地肥好,劳力紧张,密度要稀一些;反之,则应较密一些。

12. 辣椒地膜覆盖栽培应怎样定植?

晚霜过后,选择无风晴天定植。垄上栽苗 2 行,小行距 35~40 厘米,2 行苗要求错开栽成三角形。定植时先用苗铲按株行距,破膜开小穴,将苗栽入穴中,然后覆土压严破膜孔隙,以防热气流从缝隙溢出灼伤叶片。栽植时大小苗要分区定植,以便管理。定植水要随定随浇,防止浇水过晚造成秧苗萎蔫影响缓苗,水深至垄高的八九成即可,注意不要淹没垄面。采用地畦育苗的,可采用拔苗定植。拔苗前 1 天下午浇水洇育苗畦,以利拔苗时多带些床土。拔苗定植不仅使工作效率大大提高,而且由于拔苗定植开穴小,根际增温快,秧苗成活好,缓苗快。

13. 露地辣椒定植后至蹲苗期如何进行田间管理?

定植后 5~7 天浇 1 次缓苗水,此后适当控水蹲苗,以中耕保墒为主。为促早发秧,干湿适度时要及时中耕。据试验,中耕平均提高地温 1.2℃,可促进植株转绿快,心叶生长快。如带蕾定植,此后进入蹲苗期,一般不浇水,发生干旱时,也要在开花前或开花初期浇小水,严禁在盛花期浇水。当幼果长到红枣大小时蹲苗结束,一般掌握在 10～15 天。蹲苗期内一般中耕 2～3 次,要求近根处浅锄勿伤主要根系,远苗处锄深些,畦沟内深中耕(深度 10 厘米左右)。这样既能提高土壤的通透性,又能收到保墒效果。

中耕蹲苗要因地制宜灵活运用。干旱蒸发量大的年份或沙性大保水力差的土壤蹲苗期宜短;黏性土壤或阴雨天多的年份宜长。秧苗弱小,叶片生长缓慢,叶呈暗绿色、无光泽,叶脉弯曲,是地温低、水分不足、营养不良所致,应适当追肥浇水,水后加强中耕。植株徒长,从株顶到开花节位的距离在 15 厘米以上(正常植株在10～12 厘米),顶节叶片呈近圆形,近叶柄处呈嫩黄色具光泽,花器小,质量差,是气温高、浇水多和氮肥过量的象征,应延长蹲苗期并加强中耕。地膜覆盖栽培的只中耕未覆膜的畦沟。

追肥。春季温度低,辣椒定植后生长比较缓慢,发棵晚,要在缓苗后,结合浇缓苗水,冲施 1 次氮肥,促早发棵。之后到坐果前不再追肥,如果地里的秧苗大小差异太大,应在开花前对一些小苗追 1 次偏心肥。

14. 露地辣椒蹲苗后至雨季前应如何进行肥水管理?

蹲苗结束后追促秧肥,一般结合培土进行(不采用地膜覆盖平畦栽培的进行培土)。每 667 米² 追酱干(大粪干)150 千克、草木灰 100 千克(或硫酸钾 10～15 千克)、尿素 10 千克。有的在培土前,每 667 米² 撒施优质腐熟厩肥 500～1000 千克、尿素 5 千克和硫酸钾 10～15 千克,效果也很好。上述肥料混匀后撒在植株两侧,用耧子培土 8～10 厘米,然后浇水。地膜覆盖栽培的可随浇水追 1 次肥,每 667 米² 追施三元复合肥 25 千克。促秧肥浇水之后,应保持地面经常湿润。一般 6～8 天浇水 1 次(地膜覆盖栽培的一般 10～12 天浇水 1 次)。第一次摘果后,要结合浇水追施攻果肥,每 667 米² 追施三元复合肥 25 千克。

这段时间,辣椒枝叶和果实生长很快,需肥、需水量大,若肥水供给不当,常导致营养生长和生殖生长失调。此类植株表现有 3 种情况:第一种,蹲苗过度,下层挂果多,上层落花落果严重,植株较矮,因炎夏不能封垄,故日灼病、脐腐病、病毒病均重,管理上应水肥齐攻,切忌忽干忽湿。第二种,植株徒长,落花落果严重,应小水轻浇,并应适当补充磷、钾肥料。第三种,植株生长稳健,各层位的果实能正常膨大,而且上部花器生长正常,这是一种丰产的植株长势。为缓解花、果对养分竞争的矛盾,除及时供给肥水外,还应及时采收。

15. 炎夏雨季如何对辣椒进行管理?

华北地区 7~8 月份的雨量大、气温高,很不适于辣椒的生长发育,因此常有休伏现象发生(即植株落花、落果、落叶严重,生长迟缓)。辣椒的抗性比甜椒略强些,但也有此现象。加强田间管理,改善土壤状况,增加土壤中氮、磷、钾含量,增强植株抗性,可缓解休伏的程度。因此,炎夏雨季管理措施应抓好以下几点:

第一,降雨后要注意排涝,防止田间长时间积水,尤其暴雨后及时排水,以防沤根。

第二,适时追肥浇水,防止脱肥。高温干旱夏季追肥应以氮肥为主,增强辣椒的生长势,减缓叶片衰老。7 月下旬结合浇水追施返秧肥,每 667 米² 追施尿素 15 千克。发生干旱时,应及时浇水防旱。夏季浇水应安排在凉爽的早、晚进行,严禁中午前后浇水。

第三,天气闷热,降雨后实行涝浇园,即雨后马上压清水并随浇随排。如雨后暴晴数日,应隔日连浇 2 次小水,以便降低地温,保根防病。晴天中午前后发生雷阵雨,雨后也应及时"涝浇园"。涝浇园以每天傍晚浇水为好,这样可保持土壤有较长的低温时间,对生长有利。

第四,摘除老叶、病叶。一是保持田间良好的通风条件,二是减少病源,预防病害流行。

第五,中耕、灭荒。夏季应定期深锄垄沟底,促根系生长,同时及时清除杂草。

第六,防病、防虫。夏季高温、高湿,植株生长势弱,抗病能力减弱,容易发生病虫危害,应及时喷洒农药防治。

16. 如何对露地辣椒进行秋季管理?

立秋后雨水减少,日照充足,气温逐渐下降,辣椒开始返秧,落花落果逐渐减少,如管理得好,可形成第二次产量高峰。管理的目的应是促生新枝,多开花结果,增加秋季产量。管理措施有以下几点。

(1)**早追肥、浇水,促发新叶** 8月下旬至9月上旬,追施防衰肥,每667米^{2}追尿素10千克、硫酸钾5千克。也可浇灌粪稀2次,浇灌粪稀要与清水交替进行。此期露地气温尚比较高,应于早晚浇水,不要在炎热的中午前后浇水。

(2)**保花保果** 入秋后,气温仍然较高,特别是雨水也较多时,植株的坐果率往往不高,要喷1次保花保果生长调节剂或进行叶面追肥,喷1次0.3%磷酸二氢钾和0.1%尿素肥液。

(3)**植株管理** 及时拔除田间杂草,摘除植株的老叶、病叶,保持田间良好的通风条件。

(4)**合理肥水管理** 前期应加强肥水管理,促果壮秧,防止早衰。秋后至拔秧前一般追肥2次即可,追肥种类以氮肥为主。后期要减少追肥,并适当延长浇水的间隔时间,每次的浇水量也要小,防止地温下降过快。一般拔秧前半个月左右停止追肥浇水。

(5)**防治病虫害** 及时防治病虫害,尤其是螨虫的危害。

17. 辣椒地膜覆盖栽培与露地栽培管理上的不同点有哪些？

(1)**地膜护理** 由于田间操作、春季风害等原因常会使地膜出现裂口、边角掀起透风跑气的现象,这不仅会增加土壤水分蒸发,降低地温,而且还会使杂草滋生。因此,在栽培过程中要注意保护好地膜,经常检查,发现膜有破口和边角掀起时要及时用土封压严,防止破损处逐渐扩大。

(2)**水分管理** 地膜覆盖可保持土壤水分和改善土壤营养状况,因此可促进植株的生长发育,使植株叶面蒸腾量和养分吸收量加大,所以植株长大后,要及时供给肥水。在辣椒定植后到盛果期前,由于地膜覆盖抑制了土壤水分蒸发,灌水应比露地栽培的少。进入盛果期,由于地膜覆盖后枝叶繁茂,需水量又要比露地栽培的大,浇水量和次数不够又会引起植株早衰,浇水量又要比露地栽培的大。

蹲苗结束前植株尚小,一般不浇水,仅中耕沟底土壤,起到除草保墒作用。此后,浇水一般间隔期为 $10\sim15$ 天,具体浇水时间要根据植株长势和土壤水分而定。

(3)**肥料管理** 覆膜以后追肥比较困难,又不能实施培土措施,所以追肥宜以速效化肥为主,并采取顺水冲入的办法。除了根部追肥外,要特别强调进行叶面喷肥。在生长期间,结合喷药,经常进行叶面喷肥,可叶面喷施 0.2% 磷酸二氢钾加 0.1% 尿素。

(4)**防除杂草** 在没有使用除草剂而且整地质量不佳的情况下,地膜下常有草荒危害,应及时防治,把杂草消灭在幼小阶段。发现点块杂草后,要用土压埋杂草的地上部,使杂草因不能见光而死亡。

(5)**清理残膜** 地膜是高分子聚氯乙烯或聚乙烯化合物制成,残膜埋入土壤,在分解前阻隔土壤水分,养分移动,影响根系及微生物活动;它分解后产生氯离子和一些有毒物质,对各种作物均有毒害作用,故应结合整地及时将残膜清理出土壤。

18. 露地辣椒栽培应采取哪些管理措施应对不利的天气条件?

不利的天气条件对辣椒的正常发育影响很大,应区别不同情况,及时加强管理。

(1)**蹲苗期降雨** 蹲苗期降雨较大,会减弱蹲苗的作用,因此,降雨后应及时中耕晒墒。晒墒的方法是深锄不推锄,使锄过的地上保持较多的坷垃和缝隙,以利水分尽快蒸发。必要时延长蹲苗期。

(2)**开花坐果期遇高温、干旱** 华北地区 5 月下旬至 6 月上旬,有时出现 35℃的暴晴天气,在辣椒未封垄时,蒸发量大,地温高,应及时浇水降温,一是提高坐果率,二是减轻病毒病、日灼病的发生。

(3)**连续阴雨后暴晴** 阴雨后暴晴,空气湿度大,容易发生病害,转晴后应及时喷药防病。

(4)**遇冰雹天气** 在辣椒生长期间,有时有冰雹天气,常打伤枝叶和幼果,应及时摘除伤枝、伤果,以便减少养分的消耗。及时追肥浇水,促使抽生新枝。

(5)**炎夏高温季节** 炎夏高温常在 32℃以上,这对辣椒生长极为不利,常造成休伏现象,为减轻危害,可叶面喷施 0.2%磷酸二氢钾和 0.1%尿素混合液肥。这样,不但能提供磷、钾肥料,而且喷肥后还可降低植株体温,促进生长发育,并提高坐果率。

19. 露地辣椒落花落果的原因是什么? 如何预防露地辣椒落花落果?

(1)**辣椒落花落果的原因** 每株辣椒一生开花几十个,落花、落果在所难免。一般密度,甜椒每株能采收 5～8 个果实即可丰产。能达到下位花结果多,中上部花正常结果即可。辣椒落花、落果原因有生理和病理 2 种原因。生理落花落果原因,如开花授粉时遇到低温(低于 10℃)、高温(高于 35℃),及光照和土壤养分不足等均能引起落花、落果。辣椒、甜椒生长期间水分供应不均,不是水分过多,就是水分过少,非常容易造成落花、落果。病虫害可引起落花、落果,严重者导致落叶,如病毒病常是植株矮化,落叶、落花、落果均严重,且同时发生。其他病害也会造成上述三落现象。烟青虫、棉蛉虫蛀果后落果,则是生产上普遍存在的问题。螨虫危害也可造成落花、落果。

(2)预防露地辣椒落花落果的方法 培育壮苗,使其多形成优质花芽和优质花,减少落花落果;适时合理定植,在早春低温过后定植,避免开花授粉时遇到低温;合理密植,防止密度过大导致通风不良、光照不足,形成弱苗;合理施肥,氮、磷、钾配合施用,避免偏施氮肥引发营养生长过旺,引发落花落果;合理浇水,保证水分均衡供应,避免过旱或过涝,引发落花落果;高温雨季,及时排涝,气温过高时 35℃以上,浇水应安排在凉爽的早、晚进行,以降低温度,减少落花落果;在生长期间应采取综合措施,协调好土壤水分和养分的关系,使营养生长和生殖生长协调并进,这样就能减少落花、落果现象,同时注意及时防治病虫害。

20. 鲜食辣椒果实什么时期采收适宜?

辣椒开花受精后 25～30 天,果实生长很快,果实大小已基本定型,果肉脆嫩,味甜可食用;受精后 40～45 天,果肉增厚较快,果色变浓,果肉脆甜,生食、炒食均佳。采收上市时间因情况不同而异。门椒、对椒以 20～25 日龄采集较好,这样早采收早上市,既可争取卖较高的价格,增加经济收入,又能减少与上层花果对养分的竞争。四门斗以上果实以采大果、重果为好。对于生长势较弱的植株,采收时应注意"重收"(即使有些果实尚未充分膨大也要采收),这样有利于恢复植株正常生长,不断开花结果。对生长势较强的植株,采收时则宜"轻收"(即使已达收获标准,也要适当留一部分暂缓采收),以使植株生长不致过旺,有利于继续正常开花结果。

辣椒对商品成熟度指标要求不很严格,只要果实已充分膨大,表现具有较好光泽时就可采收。对于辣椒来说,喜食辣味较浓的地区,鲜椒不宜采收过嫩。

21. 辣椒能与其他作物间作吗?

辣椒系中光蔬菜,实行间作,适当遮阴对其产量不仅无影响,还可增产、增加收入。间作有 4 行甜椒 1 行玉米、4 行甜椒 2 行架豆 2 种形式。由于间作在炎夏可适当遮阴,因此可减轻病毒病的危害。生产实践证明:实行 4 行甜椒 1 行玉米间作(玉米株距 1 米,每穴 2 株),甜椒可增产 5%～10%,还可增收 150～200 千克玉米,生产上可应用。

22. 辣椒与棉花间作关键技术有哪些?

棉花幼苗生长缓慢,苗期空闲地时间较长,而甜椒春季定植后就开始开花结果,到 7 月中下旬即可拉秧。因此甜椒与棉花间作套种,充分利用这 2 种作物在生长过程中的时间差和空间差,使原来只生产一季棉花的土地上多生产一季甜椒,或使甜椒的下茬生产棉花,其经济效益比单种棉花或单种甜椒的经济效益都明显提高,使农民走出单一种植效益不稳定的模式,提高了土地利用率和单位面积的经济效益。这种间作套种栽培形式,前期以甜椒栽培管理为主,后期以棉花栽培管理为主,关键是要协调好这 2 种作物的生长发育,抓好几个栽培关键技术。

（1）**品种选择** 在甜椒与棉花间作的栽培模式中,为保证棉花的后期生长,甜椒须在7月下旬拉秧。因此,应选择早熟、前期产量集中、丰产性好的甜椒品种。通过几年的品种比较试验,冀研6号、冀研28号早熟、前期产量集中且前期产量高、果大肉厚、商品性好,适宜与棉花间作栽培。棉花品种可选用新棉33B、冀棉668、豫棉17、豫棉15等抗虫棉。

（2）**甜椒育苗技术** 这种栽培形式中,甜椒在晚霜过后露地定植,苗龄需90～100天,因此河北省中南部地区在1月中下旬采用小暖窖或阳畦育苗,用日光温室育苗可适当缩短苗龄。每667米^{2}需育苗床30～40米^2,施入过筛的优质腐熟有机肥300～400千克,外加三元复合肥2～3千克,掺匀搂平以备播种。为减轻苗期病害的发生,播种前将畦内浇透水,水渗后撒一层细药土(多菌灵50克拌细土50千克),然后划行条播,播后再盖一层细药土。播种前进行种子消毒,杜绝种子传毒。

播种至出苗前尽量提高畦温,促进早出苗。苗齐后应及时放风,降温排湿,防止幼苗徒长,幼苗拥挤处及时间苗,2～3片真叶时进行分苗或定苗,穴距为8～9厘米见方。以后结合喷药每7～10天喷1次0.2％磷酸二氢钾＋0.1％尿素＋0.2％硫酸锌混合肥液,连喷2～3次,以促进花芽分化和提高植株抗病能力。定植前7～10天开始秧苗锻炼。

（3）**甜椒定植技术** 晚霜过后定植甜椒,定植前先整地浇水造墒,然后每667米^{2}施入优质腐熟有机肥5000千克、尿素10千克、磷酸二铵30千克、硫酸钾20千克、硫酸铜3千克、硫酸锌1千克、硼砂1千克。施入后与土翻匀整平,采用小高畦地膜覆盖栽培,畦高10～15厘米,畦宽80厘米,两畦相距40厘米,覆盖好地膜后提高地温待定植。河北省中南部一般在4月20日左右晚霜过后定植甜椒,穴距33厘米,小高畦上栽2行甜椒,中间栽1行棉花,甜椒定植前将棉花穴播在畦中间,每穴播2～3粒棉种,穴距

35～45 厘米。

(4)**田间管理** 甜椒定植后一定要浇足定植水,以利棉花出苗。定植 5～7 天后视天气和土壤含水情况,再浇 1 次缓苗水。以后以中耕提高地温为主,促进甜椒根系生长,防止秧苗徒长。初花期适当控制浇水,待门椒长到 2～3 厘米时开始浇水追肥,结果期每 667 米^2 追施三元复合肥 15～20 千克;盛果期追施三元复合肥 30 千克,每次采收后可随水追施速效氮肥 10～15 千克。到四门斗后应适当疏花疏果,防止坐果过多造成小果、畸形果,并适当摘除下部老叶、病叶、弱枝以利通风透光。到 7 月下旬拉秧,以保证棉花的后期生长。

棉花出齐苗后每穴定苗 1 株。由于受甜椒浇水相对较多的影响,棉花易出现徒长现象,可采用叶面喷洒缩节胺、矮丰灵等植物生长调节剂来控制棉花徒长。到甜椒封垄时使棉花保持高于甜椒 5～7 厘米。其他管理同单一种植棉田。

六、塑料拱棚辣椒栽培关键技术

1. 塑料拱棚可分为几种类型？主要茬口有哪些？

塑料拱棚可分为小拱棚、中拱棚和塑料大棚。小拱棚棚高 1 米以内，长 10～20 米，体积小，增温、降温快，棚内温度变化幅度大，保温能力差，但夜间加盖草苫后保温防冻性能比大棚好，多用于春秋短期覆盖栽培。但小拱棚主要以春提早栽培为主，比露地地膜覆盖栽培可提早 10～15 天定植，收获期也可进一步提早。中拱棚比小拱棚稍大，一般棚高 1.5～1.6 米，跨度 3～5 米，长 10～30 米，性能比小棚好。大棚一般棚高 2～2.5 米，跨度 8～15 米，长 30～60 米，面积在 333～667 米^2，一般南北延长，多不能覆盖草苫，大棚内增温和保温性能优于中小棚。大中棚主要用于春提早和秋延后栽培。收获期从 5 月上中旬至 11 月中下旬。

2. 小拱棚辣椒栽培有什么技术特点？

早春采用塑料小拱棚栽培比露地地膜覆盖栽培可提早 10～15 天定植，收获期和前期产量也可进一步提早和提高，经济效益可显著增加。

采用这种栽培方式，整地、施肥、栽培密度与露地栽培相同，采用大小行平畦或等行距平畦栽植均可。大小行栽培的覆盖两个小行，等行距栽培的覆盖单行。定植时，随着秧苗的定植，随用细竹竿、竹片或细树枝在植株上部搭建一个小拱棚架，高 30～40 厘米，上覆薄膜，四周围用土压紧压牢。晚霜过后拆除棚架，揭去薄膜。

3. 小拱棚辣椒栽培要特别注意哪些问题?

塑料小拱棚体积小,增温、降温快,棚内温度变化幅度大,保温能力差,这种栽培形式要特别注意以下两方面。

(1)严防暴晴天白天棚内温度过高灼苗 防止方法是把株间的棚顶捅破,让热气从破损处流出。晴朗无风天气,要挖开拱棚压土加大放风量。必要时可揭除棚膜,严防棚内出现32℃以上高温情况。遇大风天气,还要将棚四周围用土压紧压牢。

(2)注意防治金龟子 覆盖小棚后,由于提高了地温,会使金龟子出垫提前,进而金龟子吃食花蕾和幼嫩枝叶。面积小时,要及时人工捕捉,栽培面积大时,要在定植时于地面覆盖毒土。

4. 大中棚春提早辣椒栽培如何选择品种?

近年来,由于露地栽培病害严重,塑料大棚栽培受到了重视,栽培面积不断扩大,已成为满足春末夏初市场供应的主要茬口。在华北地区一般是3月中下旬定植,5月上中旬开始采收,直到8月上旬结束。

塑料大棚春提早栽培属于早熟栽培,可比露地春茬提早定植和上市40~50天。这种栽培形式宜选用抗病、丰产、品质优良的中早熟品种,如冀研6号、冀研12号、冀研15号、冀研28号、中椒7号、甜杂6号、苏椒5号、早丰1号、冀研19号、福湘1号、福湘2号等。

5. 大中棚春提早辣椒栽培如何确定育苗期?

塑料大中棚春提早辣椒栽培,在河北省中南部地区一般是在3月中下旬定植,日历苗龄为90~110天,育苗期应在12中下旬。若采用双覆盖栽培的育苗期可提早到11月下旬。由于育苗的大部分时间是在严寒的冬季,需要采用日光温室育苗,也可采用小暖窖育苗。

6. 大中棚春提早辣椒栽培对育苗有哪些要求?

大中棚春提早辣椒栽培对育苗有如下要求。

(1)培育适龄大苗 春提早栽培的主要目的是争取定植后早开花结果,早上市供应。需要培育适龄大苗,适龄大苗的标准是苗顶端已现花蕾,但不开放。具体秧苗叶片数量,因品种而异。

(2)采用营养钵或穴盘进行护根育苗 主要目的是保护辣椒秧苗根系,防止定植时伤根,促进早缓苗、早发棵、早结果。

(3)培育壮苗,防止辣椒苗徒长或僵化 要求辣椒秧苗茎秆粗壮,叶片大而厚,叶色深,子叶不脱落,根系多而长。

(4)进行秧苗锻炼 定植前7~10天对幼苗进行低温锻炼,加大通风量,最低夜温可降至10℃左右,不高于15℃,以增加幼苗的抗寒能力,夜间逐渐撤掉草苫等保温覆盖物,为定植大棚作准备。

7. 大中棚辣椒栽培冬春季育苗如何进行苗床管理?

(1)播种至齐苗时期的苗床管理 辣椒播种后出苗期的温度不应低于15℃,苗床温度宜保持白天25℃~30℃,夜晚18℃~20℃。无加温设备的日光温室、小暖窖,要尽量利用阳光提高苗床温度。草苫要早揭早盖,早揭可利用阳光提高床温,早盖是因为苗床经近一天的日晒,到下午3时以后,床内的温度比冬季外界气温高得多,早盖可保持和延长苗床的高温时间。一般上午9时揭苫,下午4时左右盖苫。电热温床育苗,此期内应昼夜通电加温。

当幼苗开始出苗时,要及时揭除地膜,以防幼苗柔弱,并进行一次覆土,以弥补床面裂缝和防止"戴帽"出土。齐苗后进行第二次覆土,露出真叶后,进行第三次覆土,厚约0.3厘米。覆土以晴天中午进行为好。

(2)齐苗至分苗期的苗床管理 从出齐苗至有 2～3 片真叶展开,此期内应适当降低气温,防止幼苗徒长,白天气温 25℃～28℃,夜晚 16℃～18℃为宜。幼苗拥挤的地方要适当间苗。此期内正是花芽分化阶段,应加强管理。为促进花芽分化和幼苗健壮生长,当 1～2 片真叶时,可叶面喷洒 0.2%的磷酸二氢钾和 0.1%尿素混合液。

地畦苗床播种的幼苗,在分苗前一般不浇水,主要依靠浇足底水,并通过多次覆土保墒,满足幼苗对水分的要求。但若在温室中育苗或采用电热线温床育苗,由于温度较高,蒸发量大,床土易干。床土过干时,也可用喷壶适当喷水,但水量不宜过大。防止因床土湿度过大,引起立枯、猝倒等病害。用育苗钵、育苗盘育苗时,因床土容量过小,易干旱,也需适当喷水或进行多次喷浇。

分苗前 3～4 天要进行幼苗锻炼,进一步加强放风,降低温度,白天保持 20℃～25℃,夜晚 13℃～15℃,以利提高幼苗抗逆性,促进分苗后加速缓苗。

(3)分苗后至定植前的苗床管理 辣椒不易徒长,故在此段时间内应掌握先促后控和控温不控水的原则。措施如下。

①缓苗期不放风 分苗后 1 周内为促进根系生长,加速缓苗,一般不放风,苗床宜保持白天 25℃～30℃,超过 32℃再放风;夜晚 18℃～20℃,地温 18℃～20℃。7 天后幼苗开始发根,新叶见长,此后为避免秧苗徒长,逐步加强放风,适当降温,苗床宜保持白天 25℃～27℃,夜晚 16℃～18℃。当秧苗有 4～5 片真叶时要浇小水,浇水后中耕,以提高地温促苗早发;6～7 片和 8～9 片真叶时各浇水 1 次,并结合浇水每畦追尿素 200 克。浇水追肥后要中耕锄草。采用营养钵分苗,分苗后应掌握见干见湿,控温不控水的原则。

②定植前 7～10 天要控制温度,加强低温锻炼,加大放风量

白天气温以 15℃～25℃,夜间 8℃～12℃为宜。到定植前 2～3 天夜间可过渡到不覆盖草苫保温覆盖物,使之逐渐接近定植后的塑料大棚环境条件。此时要注意天气变化,防止大风闪苗和寒流冻苗。

③定植前肥料管理 定植前 10 天,喷 1 次 0.2%的磷酸二氢钾、0.1%尿素和 0.1%硫酸锌混合肥液。

8. 大中棚春提早辣椒如何整地、施肥、做畦?

辣椒塑料大中棚春提早栽培的时间比较短,结果比较集中,应增加速效肥的用量。前茬是白地的要搞好冬耕、冬灌和冬施肥,秋耕施基肥总量的 70%,有机肥总量达到 5 000～7 500 千克。春节过后土地化冻后,浇 1 次小水,干湿适度时,再撒施过磷酸钙 50 千克、硫酸钾 20 千克、尿素 10 千克及剩余的 30%有机肥。磷肥为迟效肥,在土壤中移动性差,又极易被土壤固定,应全部做基肥,并集中沟施。为提高植株的抗病性和坐果率,每 667 米^2 还可施入硫酸锌 1 千克、硼砂 1 千克、生物钾肥 1 千克做基肥。施肥后翻匀,整细耙平,做成小高畦或开沟定植。采用双层或多层覆盖栽培,定植较早,采用开沟栽植,沟宽 40 厘米、深 30 厘米,沟距 1 米,沟内施入有机肥和化肥,把肥料与土充分混匀,搂平沟底等待定植。采用单层覆盖栽培,定植较晚,多采用小高畦定植,或地膜覆盖栽培,其效果更好。跨度小的棚,水沟设置在棚外;跨度大的棚,水沟应设在棚内中央。定植前 15 天左右扣棚烤地,以加速地温提高。

9. 大中棚春提早辣椒如何进行定植?

大中棚春提早辣椒定植时期和定植方法介绍如下。

(1)定植时期 辣椒塑料大中棚春提早栽培的适宜定植时间

应根据当地的气候变化情况来确定。具体要求是:定植期大棚内的平均温度稳定在 15℃ 以上,最低气温稳定在 6℃ 以上,10 厘米地温稳定在 12℃~15℃,并有 7 天左右的稳定时间即可定植。大棚内加盖地膜或小拱棚可以适当提早,并对定植后的恢复生长和早长早发更为有利。华北地区有草苫覆盖保温的中小拱棚栽培或双层覆盖栽培的,一般定植期为 3 月上中旬,塑料大中棚无草苫覆盖保温的,一般定植期为 3 月中下旬。

(2)**定植方法** 定植要选在晴天上午至下午 2 时进行,不要在连阴天定植,以防定植后地温长时间偏低,推迟缓苗,并引起烂根。采用小高畦栽培的每畦栽两行,幼苗应栽在小高畦两侧肩部稍偏上位置,栽植深度以苗坨坨面与畦面相平为宜。采用沟栽的,幼苗应栽在沟底两侧,栽植深度以苗坨埋入土中大半坨为宜。栽植时应选健壮、大小基本一致的幼苗,需利用小苗时,应单独分别栽植,以便定植后的管理。定植时要保护好辣椒秧苗根系,尽量减少根系损伤,促进早缓苗。要及时浇灌定植水,防止辣椒苗发生萎蔫。为了避免骤然降低地温,一般采用水稳苗,或浇明水,但水量不宜过大。对发病地块,应结合浇定植水,在水内加入适量的多菌灵、甲基硫菌灵、氢氧化铜等杀菌药。地下害虫发生严重的地块应在定植沟内撒入适量拌有辛硫磷或敌百虫的毒麸或毒谷进行诱杀,详见病虫害防治部分。

10. 大中棚春提早辣椒定植后如何进行温度管理?

春季定植后,外界气温较低,为促进缓苗,定植后一般闷棚 5~7 天,棚内温度达到 35℃ 时再放风,以高气温促地温,尽量使地温达到和保持到 18℃~20℃。夜间要覆盖草苫栽培的,上午 8~9 时揭苫,下午 4 时盖苫,以提高棚内温度,促进幼苗早发根、早缓苗。采用多层薄膜覆盖的,白天应将保温帘膜(二道幕)揭开,以利透光和提高地温,晚上再盖严保温。

约 1 周后,幼苗叶色转绿,心叶开始见长,浇缓苗水后开始逐渐放风,要降低温度,防止植株徒长。晴天白天保持在 25℃～28℃,夜间维持在 17℃以上,4 月中旬后,一般当棚温上升至 25℃以上时就应进行小放风。此后,随外界气温升高,逐渐扩大放风口,放风时,从背风面揭开棚膜,大风天气要随时注意放风口管理,风向改变,放风口随之改到背风面。当棚温下降至 20℃以下时逐渐关闭风口。采用多层覆盖的,夜间棚内温度在 15℃以上时可不再覆盖。当外界最低气温稳定在 15℃以上时,晚上不再关闭风口,即可进行昼夜通风。5 月下旬选择阴天傍晚撤去棚膜,避免闪苗萎蔫。撤下的棚膜折叠好置于阴凉处保存,以备后用。有些地区塑料大棚夏季只撤棚围子,不撤膜棚,在棚两侧扣上防虫网,减少大棚内的虫源,减轻害虫危害。

11. 大中棚春提早辣椒定植后如何进行水分管理?

定植水后 2～3 天即可中耕,以提高地温、改善土壤通气状况,促进缓苗。定植后 1 周左右浇缓苗水,以后进入中耕蹲苗期,连续中耕 2 次进行蹲苗。此期一般不轻易浇水,以防引起植株徒长和落花落果,具体管理见第五部分露地辣椒蹲苗期的管理部分。待绝大部分植株门椒坐果后(果有核桃大小时)结束蹲苗,开始浇水追肥。此后经常保持大棚内土壤湿润,一般结果期 7 天左右浇 1 次水,进入结果盛期 4～5 天左右浇 1 次水。浇水宜在晴天上午进行,每次浇水量不宜过大,以免湿度过大引起病害发生。

12. 大中棚春提早辣椒定植后如何进行追肥?

辣椒喜肥不耐肥,因其以采收果实为主,对氮、钾肥需求量较大,生长期应不断追肥。门椒坐果后开始浇水时随水追施粪稀或每 667 米² 追施硫酸铵 20～25 千克或尿素 10～15 千克,以后每浇 1～2 次水追 1 次肥,每次每 667 米² 施氮、钾含量较高的三元复合肥 15～25 千克。促秧肥浇水之后,应经常保持地面湿润。第一次摘果后,进入结果期,故在肥水管理上,要肥水猛攻,一促到底,防止植株发生早衰。要结合浇水追施攻果肥,每 667 米² 追施三元复合肥 20 千克,之后每隔 10 天左右冲施肥 1 次,拉秧前半个月停止追肥。

中后期除进行正常追肥外,还需适当进行根外追肥,一般进入盛果期后,可每周喷 1 次 0.2%～0.3%磷酸二氢钾＋0.1%尿素肥液,或丰产素、叶面宝等专用叶面肥,补充根系吸收的不足,减缓植株衰老。没有覆盖地膜的在植株封垄前应进行培土,培土不宜过早,否则易使根部处于相对较深的土层中,地温回升慢,根系发展也慢,从而影响地上部生长。

13. 大中棚春提早辣椒栽培如何保花保果?

辣椒的落花落果是塑料大中棚春提早栽培的一个重要问题,具体表现是花蕾梗、花梗和幼果的果梗发黄变软后,花蕾、花和幼果脱落,其主要原因是前期温度较低,湿度较大,授粉受精不良易发生落花落果;中后期温度较高,湿度较大,易引发徒长造成落花落果;开花坐果期间水分供应不均,水分过多或过少,非常容易造成落花落果;病虫危害也是引起落花落果的原因之一。因此,为提高大棚辣椒坐果率可采取以下措施。

第一,培育适龄壮苗,育苗期不宜过长,不用徒长苗和老化苗定植生产。

第二,开花坐果期保持棚内较适宜的温度,棚内气温白天不低于 20℃,不高于 35℃,最好保持在 25℃ 左右,夜间温度不低于 15℃。

第三,开花坐果期加强大棚的湿度管理,防止空气湿度过高,适当增大通风量,降低湿度,适宜坐果的空气相对湿度为70%左右。

第四,用植物生长调节剂蘸花或喷施。利用30~40毫克/千克番茄灵(防落素)溶液,用手持喷雾器喷花,可提高坐果率。在开花期用于植株叶面喷洒的生长调节剂有汽巴瑞培乐、碧护、增产灵、辣椒灵等促进坐果和果实膨大。

14. 什么是熊蜂授粉技术? 利用熊蜂授粉技术保花保果有什么优越性?

为解决棚室果菜类蔬菜落花落果的问题,利用蜂类为棚室果菜类蔬菜授粉提高坐果率,是一项高效益、无污染的现代化农业增产措施。熊蜂是蜂类中最好的授粉昆虫之一,其体形较大,喙长,飞翔速度快,采集能力强,每分钟访花15~20朵,一次可携带花粉数百万粒,是优良的传粉昆虫。熊蜂对低温、弱光、高湿环境的适应能力显著优于蜜蜂,特别适合为设施作物授粉。熊蜂访花作物种类广泛,有蜜腺、无蜜腺植物均适合,如番茄、甜椒、黄瓜、甜瓜、茄子等。熊蜂授粉在国际上已经是成熟的技术,农业发达国家已把熊蜂授粉作为一项常规技术应用到农业生产当中,不仅可以使棚室果菜的生产环境更接近自然绿色环境,而且,其自然传粉功能可以大幅度提高果菜产品质量和数量。

利用熊蜂授粉的优点主要有以下几个方面。

(1) **远离污染** 利用熊蜂授粉,减少了使用植物生长调节剂所带来的污染,是生产绿色食品和有机食品的重要保证。

(2) **提高坐果率** 利用熊蜂授粉,柱头受粉均匀,使每朵花得到多次授粉机会,提高坐果率。

(3) **增加产量** 由于熊蜂在花粉最多、活动力最强的时候授粉,能达到最佳授粉效果,坐果率高,可大幅度提高产量。

（4）**提高产品质量** 熊蜂授粉的果实籽粒饱满,果形周正,畸形果减少,精品果率提高,且减少污染,提高产品质量。

（5）**省时省工** 采用传统的人工蘸花的方式,每隔 2～3 天需蘸 1 次花,每次花费半天时间。利用熊蜂授粉技术,熊蜂放入棚室内,蜂箱中配有食物,适合熊蜂生存,无须管理,省时省工。

15. 大棚春提早辣椒栽培如何利用熊蜂授粉技术保花保果?

大棚春提早辣椒栽培,利用熊蜂授粉技术保花保果方法介绍如下。

（1）**准备工作** 塑料大棚撤去围子,保留棚顶,在大棚两侧设防虫网,避免熊蜂飞出。放置熊蜂前检查棚室内通风口处的纱网是否平整,在接茬处不要有褶皱,避免熊蜂钻入致死。

（2）**放置时间** 大棚春提早茬口一般在开花后 4 月底至 6 月上旬之间放置熊蜂。

（3）**释放蜂群** 在选好熊蜂种后,首先释放蜂群,在开花初期,将蜂群在傍晚时分轻轻移入棚室中央或适当位置,蜂箱放置高度以距地面 20～40 厘米为宜,蜂巢巢门向东南方向,接收阳光,静止10 分钟后,再把巢门打开。选择在傍晚释放熊蜂效果最好,因为蜂群经过一夜休息稳定之后,第二天清晨随着太阳升起和棚室光线的增强,熊蜂逐渐出巢适应新的环境,试飞过后容易归巢,可大大减少工作蜂的损失。

（4）**放蜂数量** 放蜂数量的多少主要取决于花期长短、花量多少、花朵颜色、花蕊构造、自身泌蜜量大小、熊蜂觅食的难易度。一般每 667 米^2 放置 2 箱熊蜂为宜。

（5）**注意事项** 熊蜂授粉期间要尽量减少有毒农药的使用,如需喷药,则必须先把所有的熊蜂赶进蜂箱内。此外,工作人员避免穿蓝色衣服或使用有芳香气味的化妆品,以防吸引熊蜂被蜇伤。

16. 辣椒生长期为什么要进行叶面追肥？辣椒叶面追肥有哪些优越性？

辣椒叶面追肥又叫根外追肥，是一种辅助措施。辣椒除根能吸收养分外，其整个植株体都能吸收养分，尤其是叶片吸收养分的功能非常强。在辣椒生长期间，根据叶面能吸收肥料这一特点，将肥料科学地配成一定浓度的溶液，喷施于辣椒叶面上，通过叶面吸收养分，补充根系吸肥不足，促进植株健壮生长，尤其在苗期根系尚弱及生长中后期根系吸收能力下降，叶面追肥尤为重要。

辣椒叶面追肥的好处有以下几个方面。

(1)**补充根系吸肥不足** 促进植株健壮生长，促进早开花坐果，提高坐果率，进而提高产量。

(2)**叶片直接吸收，见效快** 叶面施肥在几个小时到几十个小时就可以吸收大部分养分，而根部施肥一般需 3～5 天或更长时间吸收见效。

(3)**用量少，经济有效** 如果根部施肥每 667 米^2 每次需几十千克，而叶面施肥则只需 0.05～0.2 千克，又可避免肥料被土壤固定，是一种经济有效的追肥方法。

(4)**利用率较高，针对性强** 在辣椒根部土壤中施肥，肥料的利用率较低，一般在 30% 左右，而叶面施肥绝大部分都可被辣椒吸收、利用。另外，在辣椒缺素明显时，针对缺素症状叶面补充相应的营养元素，其效果显著。

(5)**高效省时，降低成本** 叶面施肥可同时将氮、磷、钾及各种微量元素配好一起喷施，还可以和一些农药同时施用，省工省时，降低成本。

17. 辣椒在哪个生长阶段叶面追肥效果好？

根据辣椒生长的具体情况，在不同时期喷施叶面肥，均可补充根系吸肥的不足,有很好的效果。

(1)**苗期**　在幼苗期,移栽前或移栽后,根系不发达,吸收能力较差时,喷施叶面肥可有效地促进辣椒生长发育。

(2)**开花坐果期**　为营养生长与生殖生长转化期,这个时期叶面喷施磷、钾肥和硼肥可促进坐果。

(3)**盛果期**　辣椒生长所需养分多,根系吸收养分难以满足辣椒快速生长的需要,叶面施肥能及时提供作物所需的养分。

(4)**生长后期**　辣椒根系开始衰老,吸收能力差,叶面施肥可弥补根部吸收的不足,以保证养分的供给和吸收,防止早衰,提高产量。

(5)**遇到灾害时**　辣椒在遭受旱涝、霜冻、病虫害等自然灾害及药害时,喷施叶面肥有利于尽快恢复正常生长。可根据具体情况,选择不同叶面肥喷施。

18.哪些肥料适宜辣椒叶面追肥?

辣椒叶面追肥所使用的肥料,除了尿素、磷酸二氢钾、硫酸钾、硝酸钾等常用的大量元素肥料外,一些微量元素或含有多种氨基酸成分的肥料,具有一定效果,如硫酸锌、硼砂、喷施宝、植保素、绿芬威等。可结合喷药进行根外追肥,以补充辣椒的养分不足。但必须说明的是,蔬菜生长发育所需要的基本营养元素主要来自于基肥和采用其他方式进行的根部追施的肥料,根外追肥只能作为一种辅助措施。

19.什么是滴灌技术? 大棚辣椒栽培采用滴灌技术有什么优越性?

随着保护地蔬菜生产技术的发展,与之相配套的滴灌技术开始在生产上应用。滴灌是迄今为止农田灌溉最节水的灌溉技术之一。那么,什么叫滴灌技术呢?滴灌是将具有一定压力的水,过滤后经管网和出水管道(滴灌管或滴灌带),以水滴状态缓慢而均匀地滴入作物根部附近土壤中灌溉作物的一种浇水方法,称之为滴灌技术。目前,在辣椒保护地生产中开始应用,是一种省水省工,增产增收的先进灌溉技术。

与传统灌溉技术相比,滴灌技术有以下优越性。

(1)节水　滴灌仅湿润辣椒根区附近土壤,为局部灌溉,其他区域土壤水分含量较低,不易产生无效灌溉,可有效减少土壤水分的无效蒸发,水的有效利用率高。与传统灌溉技术相比,灌水效率可提高 40%～50%,即可节水 40%～50%。

(2)有利于降低湿度、保持地温　保护地采用滴灌浇水时,由于是局部湿润辣椒,所以不会形成大水漫灌时的地表径流,从而可以降低棚内的湿度。同时,滴灌是在相同的时间里把水分均匀地输送到辣椒的根部,不会影响地温的变化,可有效地保持地温。

(3)降低病虫害发生、减少用药量　棚室内的多种病害主要是由于湿度过大引起的,使用滴灌地面蒸发量较小,可降低棚内湿度,减少了病害发生的条件,因而也就降低了病害的发生概率,从而降低了农药的施用量。

(4)防止土传病害的传播　使用滴灌浇水是局部湿润辣椒根部,土壤中的病菌不会随水传播,可较好地控制病害的发生和流行。

(5)提高肥料利用率,降低施肥量　保护地使用滴灌可以直接把作物所需要的肥料随水均匀地输送到植株的根部,可避免因大水漫灌造成肥料深层渗漏,浪费肥料,以及化肥对地下水的污染。

(6)提高产量,提早成熟　棚室内应用滴灌可以为辣椒根区保持最佳供水状态和供肥状态,促进作物正常的生长发育及新陈代谢,减少因用水不当而造成生长缓慢或徒长等现象。从而在一定程度上使作物早熟,提高了产量。

(7)**活化土壤、增强土壤的通透性** 传统的大水漫灌会造成土壤板结,通透性差,水分过分饱和,从而使根系处于一种缺氧状态,造成沤根或伤根现象。而使用滴灌,根系土壤通透条件良好,通过注入水中的肥料,可以提供足够的水分和养分,使土壤水分和养分处于能满足辣椒要求的状态。

(8)**容易控制杂草生长** 局部土壤湿润,株间未供应充足的水分,较干燥,杂草生长少,减少了除草用工。

(9)**省工省力,提高工作效率** 使用滴灌操作简单,只需打开阀门,合上电闸,无须人工在棚内改畦浇灌,这样可以在浇灌的同时从事其他农事活动,只需掌握浇灌的时间即可。

(10)**节约土地** 通过管道输水,管道常常埋在地下,滴灌管浇地,省去浇水沟,少占用耕地,可节约土地。

20. 大棚辣椒栽培如何采用滴灌技术浇水?

大棚辣椒栽培采用滴灌浇水,具体滴水次数、滴灌时间应根据天气情况和植株长势、土壤含水量而定。定植时土壤干旱,定植水可适当加大,掌握原则是畦相间处浸湿为宜。定植后5~7天浇缓苗水,缓苗后到坐果以前,为防徒长适当控水,以中耕保墒,促进根系发达为主。门椒坐果后,进入坐果期可适当提高土壤湿度,适当缩短浇水间隔天数,经常保持土壤湿润。掌握阴天不滴水或少滴,晴天多滴水;夏季多滴水,春、秋季少滴水的原则。一般夏季3~6天滴灌1次,春、秋季7~10天滴灌1次,每次掌握每667米^{2}滴灌8~15米^3,浇透为宜。由于各地天气情况不同,土壤类型各异,辣椒不同生育期的需水量也有差别,所以应该在掌握大的技术性原则的基础上灵活变动。

21. 大棚辣椒如何采用水肥一体化滴灌技术?

利用滴灌技术进行追肥的具体方法是:在水源进入滴灌主管

的部位安装施肥器,在施肥器中将化肥溶解,将滴灌主管插入施肥器的吸入管过滤嘴,肥料即可随浇水自动进入作物根系周围的土壤中。采用地膜覆盖,肥料几乎不挥发、无损失,肥料虽集中,但浓度小,因此既安全又省工省力,效果很好。这是目前较科学、具有极大发展前景的追肥方法。根据辣椒不同生长发育时期需肥特性和施肥技术要点,确定施肥时间和每次施用量。塑料大棚春提早栽培,在辣椒门椒坐果后结合浇水开始进行追肥,华北地区从5月上中旬开始滴灌追肥,到拉秧结束。利用滴灌设备,采用水肥一体化技术施肥,可减少淋溶,提高肥料利用率,可适当减少施肥量。

22. 大棚辣椒栽培采用滴灌技术应注意哪些事项?

大棚辣椒栽培,采用滴灌技术应注意如下事项。

第一,安装滴灌系统时,保证每一段主管的控制面积基本不超过333米^2。定植前要平整土地,减少土地坑洼现象,使各软管接触的地面平整,保证水流通畅。

第二,滴灌的管道和滴头容易堵塞,对水质要求较高,应使用干净的水源,水中不能有大于0.8毫米的悬浮物,否则要加上网式过滤器净化水质。用自来水和井水时通常不用过滤。

第三,在安装和田间操作时,谨防划伤、戳破滴灌带或主管。

第四,用滴灌施肥后应继续滴灌一段时间清水,以防化学物质在孔口积累堵塞出口。

第五,为防止泥沙、肥料残渣等杂质在管内积累而造成堵塞,应定时逐一放开滴灌带和主管的尾部,加大流量冲洗。

第六,拉秧后,应将设备拆除后妥善保存在阴凉处。

23. 大棚秋延后辣椒栽培如何选择品种?

塑料大棚秋延后辣椒栽培,华北地区一般在6月下旬育苗,10

月上旬开始收获,到 11 月中下旬拉秧,后期采收的果实可贮存
1~2 个月,供元旦、春节上市。该时期的辣椒市场价格较高,经济
效益好。

　　但塑料大棚辣椒秋延后栽培整个生育期的气候特点是气温由
高温变到低温,日照由强变弱。大棚秋延后生长前期正处于高温、
高湿、多雨的炎热季节,不利于秧苗的生长,容易发生病虫危害,易
发生徒长,而中后期气温逐渐降低,果实生长发育速度较慢,采收
期又较短。因此,为了在有限的时间内,相对延长采收期,提高产
量,应选用中早熟或早熟、耐热、抗病性强、商品性好、耐贮运的品
种。如冀研新 6 号、冀研 12 号、冀研 13 号、冀研 28 号、中椒 7 号、
硕丰 9 号等甜椒品种和冀研 19 号、湘研 15 号等辣椒品种。

24. 大棚秋延后辣椒栽培如何选择育苗设施?

　　塑料大棚秋延后辣椒栽培,一般在 6 月下旬至 7 月初播种育
苗,正处于高温、高湿、多雨的炎热季节,不利于幼苗的生长,容易
发生病虫危害,易发生徒长。因此,要培育壮苗,必须要防止高温、
高湿、暴雨和病虫害的危害。采用具有遮阳降温、防雨的设施可创
造较适宜辣椒生长的环境条件,减轻病虫危害和徒长发生。塑料
大棚秋延后辣椒栽培,一般选用搭建防雨遮阳棚进行育苗。如何
搭建遮阳防雨棚参见第四部分第 9 题有关内容。

25. 大棚秋延后辣椒栽培育苗应注意什么问题?

　　大棚秋延后辣椒栽培,育苗注意事项如下。

　　(1)苗床设置防虫网,减少病虫害危害　夏秋季育苗,因强光、
高温、干旱等自然条件有利于病原菌的侵染和传播,同时夏秋季带
毒媒介害虫危害猖獗。因此,为减轻辣椒育苗期病虫害危害,应在
遮阳防雨棚两侧设防虫网,防止蚜虫、白粉虱、烟飞虱等害虫危害

幼苗和传播病毒,减少虫害危害,减轻病毒病和疫病感染。

(2)应采用营养钵或穴盘护根育苗方法 播种育苗、定植期处于高温多雨季节,病害发生严重,为保护根系不受伤害,应采用营养钵或穴盘护根育苗方法,防止定植时伤根而感染病害。

(3)播种前一定要进行种子消毒 用 55℃温水浸种 20～30分钟后,用 10%磷酸三钠浸种 15～20 分钟,用清水冲洗干净,再用咯菌腈拌种。

(4)覆盖苗床 播种后,用遮阳网或麦(稻)秸覆盖苗床,待有60%～70%幼苗出土时立即去除苗床覆盖物。通过遮阴,使温度下降,透光率降低,以利于幼苗生长。

(5)防止大风、暴雨危害 选择地势较高、四周有排水沟的地块做苗床,遇暴雨能及时排出积水。遮阴降温的覆盖方式最好采用一网一膜覆盖法,即在塑料薄膜上再覆盖遮阳网,其遮阴降温、防暴雨的性能比单一遮阳网覆盖的效果好。在暴雨来临前,将塑料薄膜拉下,放风口合严,四周用土埋严,防止雨水流入苗床,压膜线固定好,防止被大风吹开。

(6)防止干旱危害 播种前,苗床要浇足底水。播种后,苗床要遮阴保湿,根据天气情况,可在早晨或傍晚用喷壶向苗床喷少量水,防止苗床干旱。

(7)防止辣椒幼苗徒长 夏秋季育苗,处于高温、高湿环境条件,特别是夜温较高,秧苗易发生徒长。另外,秧苗密度过大,互相遮光,秧苗受光少,苗床内通风不良,也促使幼茎迅速伸长,易引起徒长。若幼苗发生徒长,用 20～25 毫克/千克矮壮素喷洒抑制徒长。

26.大棚秋延后辣椒栽培育苗期如何防治病虫害?

夏秋季病虫危害猖獗,整个育苗期要注意防治病虫害。播种后,立即在苗床内和四周播撒毒饵,毒杀蝼蛄等地下害虫。育苗床内设立防虫网阻断虫源侵入,设立黄色的诱蚜板,诱杀蚜虫、白粉虱等害虫,或及时采用药剂防治,如采用25%噻虫嗪可分散粒剂5000倍液,或70%吡虫啉水分散粒剂5000倍液,或1.8%阿维菌素乳油3000倍液防治蚜虫、白粉虱、烟飞虱、蓟马等传播病毒的媒介。及时喷药防治病毒病和疫病,幼苗出土后喷1.8%复硝酚钠水剂1500～2000倍液保苗、促壮,1心1叶时喷施75%百菌清可湿性粉剂600倍液,以后与25%嘧菌酯悬浮液3000倍液交替使用防病。从2～3片真叶开始,结合喷药每7～10天喷1次0.2%磷酸二氢钾＋0.1%尿素＋0.2%硫酸锌混合肥液,连喷2～3次,以促进花芽分化和提高植株抗病能力。防治病毒病还可用20%吗胍·乙酸铜可湿性粉剂600倍液,或10%宁南霉素水剂600倍液。苗期结合浇水每15～20米^{2}冲灌10%敌磺钠40克,防治疫病。

27. 大棚秋延后辣椒如何进行定植?

塑料大棚秋延后辣椒栽培有效生长期较短,定植期及生长前期处于高温多雨季节,病害发生严重,尤其是土传病害容易流行,基肥要施入硫酸铜、硫酸锌减轻土传病害和病毒病发生。一般每667米^{2}施腐熟鸡粪3～4米^3、过磷酸钙50～100千克、硫酸钾20千克、硫酸铜3千克、硫酸锌1千克、硼砂1千克、生物钾肥1千克,深翻整平。

塑料大棚秋延后辣椒定植处于高温、高湿环境条件,一般植株生长速度快,长势旺盛,栽培密度宜低些。每667米^{2}定植2000株左右,行距75厘米,也可按大小行栽培,穴距40厘米,单株栽培。定植期华北地区以8月上旬定植为宜,定植时间应选择阴天或晴天下午傍晚凉爽时定植为宜,防止暴晴天定植秧苗过度萎蔫,不利缓苗。

28. 大棚秋延后辣椒定植后如何进行温度管理?

定植后到门椒坐住,正值 8 月份高温季节,白天温度可达 30℃以上,高时达 35℃,阳光较强,大棚内温度更高,很容易引发秧苗徒长。因此,温度管理以降温为主。缓苗期,为促进根系生长发育,可适当提高温度,温度管理以 28℃～32℃为宜;缓苗后为促进秧苗健壮生长,防止秧苗徒长,应适当降低温度,温度管理以 23℃～28℃为宜。一般采取降温措施,一是可撩起两边的棚围子进行通风降温,还可采用覆盖遮阳物如遮阳网降温,防止徒长。生长中后期,随着外界气温逐渐降低,要加强保温,逐渐减少通风量,到日平均气温 15℃左右时扣严棚膜。随天气变冷,除扣严棚膜外,还要适时加盖草苫、纸被等覆盖物,必须保证温度,以延长果实生长期,提高产量。

29. 大棚秋延后辣椒定植后如何进行水分管理?

定植后到门椒坐住应合理调控水分防止徒长。定植后气温较高,蒸发量大,应及时浇缓苗水,保证水分供应,促进根系生长发育,促进缓苗。缓苗后,适当控制浇水,要始终保持土壤见干见湿,经常进行中耕松土,促进根系生长,结合划锄培土,并进行适当蹲苗,防止徒长。切忌大水漫灌,否则易徒长疯秧,还可诱发疫病等土传病害的发生。门椒坐住后,进入坐果期可适当提高土壤湿度,经常保持土壤湿润,特别是结果期水分供应是否充足,对辣椒产量有极大影响。门椒坐住果后,这个时期是幼果由细胞分裂转入迅速膨大时期,必须结束蹲苗,要保证充足的水分供给,进行浇水追肥,促进果实发育和膨大。盛果期应肥水充足,才能获得丰产。浇水一定要均匀,不可忽大忽小,以防止出现果实生理性病害。

30. 大棚秋延后辣椒定植后如何进行肥料管理？

定植后至门椒坐住以前，一般不进行追肥，尤其不能追施氮肥，以防徒长。在门椒坐住后，80％以上长到 2～3 厘米时，开始进行追肥，应氮、磷、钾配合施用，一般每 667 米² 追施三元复合肥 15～20 千克，或用冲施肥。进入盛果期，应水水带肥，三元复合肥、速效氮肥、冲施肥交替使用。为促进坐果和果实发育，在开花期、生长中后期除进行正常追肥外，还可适当进行根外追肥，用 0.2％～0.3％ 磷酸二氢钾＋0.1％尿素肥液，或丰产素、叶面宝等专用叶面肥，喷施 2～3 次。

31. 大棚秋延后辣椒定植后如何防止徒长？

定植后到门椒坐住，正值 8 月份高温、高湿环境条件，植株营养生长旺盛，容易发生徒长。管理以降温、防徒长为主。缓苗后，结合划锄培土，进行适当蹲苗，适当控制浇水，但要保持地面潮湿，但切忌大水漫灌，否则易疯秧。若秧苗发生徒长，可喷施抑制生长的植物生长调节剂，用 100～150 毫克/千克矮壮素喷洒，抑制秧苗徒长。

32. 大棚秋延后辣椒定植后如何进行保花保果？

塑料大棚秋延后栽培，开花期外界温度较高、湿度大，易造成徒长而诱发落花落果。采用熊蜂授粉或使用植物生长调节剂，可以起到防止落花落果，促进坐果和果实快速发育的作用。

(1) 采用熊蜂授粉技术　熊蜂授粉率高，对大棚适应性强，省时省工，可提高甜椒的授粉坐果率，增产增收，能有效地提高产品质量，无污染。每只熊蜂每分钟访问 17 朵花，坐果率可达到 90％

左右。

（2）**喷施植物生长调节剂**　在雄蜂辅助授粉的基础上，使用促进坐果的生长调节剂，保花保果的效果更好。在花期喷施环保的植物生长调节剂，如汽巴瑞培乐、碧护、复硝酚钠、绿丰95、辣椒灵等促进坐果，结合喷洒0.1%硼砂效果更好。

33. 大棚秋延后辣椒生长期间如何预防病虫害？

夏秋季温度、湿度较高，病虫害发生猖獗，病虫害的危害也能引起辣椒落花落果，定植后应及时防治病虫害的发生。病虫害的防治按照"预防为主，综合防治"的原则，采用农艺措施与物理、化学防治措施相结合的综合防治方法，在关键时期及时用药预防，减轻病虫害的发生、危害。大棚秋延后辣椒生长期间预防病虫害方法介绍如下。

（1）**设防虫网阻虫**　定植前，棚室通风口用25目尼龙网纱密封，阻止棉铃虫、蚜虫、白粉虱等害虫迁入，减轻危害。

（2）**悬挂黄板诱杀害虫**　使用黄板诱杀技术是利用一些害虫如白粉虱、蚜虫、潜叶蝇等对黄色的趋性，把害虫吸引过去粘在带有黏性的黄板上。采用悬挂黄板诱杀蚜虫、白粉虱，用40厘米×20厘米的纸板，涂上黄漆，上涂一层机油，在害虫发生前挂在行间，每667米² 悬挂30～40块，当黄板粘满害虫时再重涂一层机油。一般10～15天重涂1次。或直接购买工厂化生产好的捕虫黄板。

（3）**药剂防治**　定植后注意防治蚜虫、白粉虱可用70%吡虫啉水分散粒剂5000倍液，或25%噻虫嗪可分散粒剂5000倍液；茶黄螨可用1.8%阿维菌素乳油3000倍液等；甜菜夜蛾可用1.8%阿维菌素乳油3000倍液，或2%甲氨基阿维菌素苯甲酸盐悬浮剂3000倍液等药剂防治。

由病毒引起的病毒病防治，在及时喷药防治蚜虫、白粉虱、茶黄螨等传毒媒介的同时，喷施 20%吗胍·乙酸铜可湿性粉剂 600 倍液，或 10%宁南霉素水剂 600 倍液防治病毒病。

由真菌引起的病害有疫病、炭疽病等，一般采用 77%氢氧化铜可湿性粉剂 500～800 倍液，或 64%噁霜·锰锌可湿性粉剂 500～600 倍液防治。

由细菌引起的病害有疮痂病、青枯病、软腐病等，一般采用 72%硫酸链霉素可溶性粉剂或新植霉素 4 000 倍液，或 77%氢氧化铜可湿性粉剂 500～600 倍液进行防治。

七、日光温室辣椒栽培关键技术

1. 日光温室辣椒栽培有什么特点?

日光温室栽培主要是在外界的环境条件不适宜辣椒生长的季节,如北方的秋冬季、冬春季、冬季等季节生产辣椒,达到周年生产、周年供应的目的。由于日光温室保温性能优于塑料大棚,其经济效益高,近年来在我国北方地区日光温室生产迅速发展,对于增加农民收入,改善北方地区冬春季蔬菜生产、供应淡季的问题发挥了显著的作用。在其生长季节,日光温室的环境条件与自然界比主要是光照弱,光照分布不均匀;地温低,昼夜温差大;空气湿度大,气体交换能力差,容易产生气体危害;种植多年的温室土壤溶液浓度高,发生积盐现象,连作障碍日趋严重。

2. 日光温室辣椒栽培如何改良土壤、培肥地力?

辣椒对土壤的适应性较广,沙土、壤土、黏土等均能栽培。为获得高产,以土层深厚、疏松肥沃、富含有机质、透水透气性好的壤土或腐殖土为最适宜。土壤酸碱度以 pH 值 6.8 最合适。因此,改良土壤,培肥地力是获得辣椒丰产的重要因素之一。主要措施如下。

(1)增施有机肥 有机肥指肥力较高的鸡粪、秸秆圈肥、人畜粪肥等经堆沤发酵充分腐熟的优质厩(圈)肥。有机肥能提高土壤的缓冲能力,可有效调节土壤的酸碱度,改良土壤结构,增加土壤的通透性,改善土壤因长期施用化肥农药带来的酸根积聚,土壤板结等问题。有机肥是微生物生活的能源,可促进微生物的活动,提

93

高土壤活力,减少养分固定,增加土壤养分,进一步提高肥效。大量连续地施用农家肥可以大大地缓解连作障碍。每 667 米² 施用优质厩(圈)肥 5 000～6 000 千克,温室长季节生产每 667 米² 施用优质厩(圈)肥可达 7 500～10 000 千克。

(2)**与其他肥料配合施用,达到平衡施肥** 辣椒为喜肥作物,耐肥能力较强,其生长发育要求充足的氮、磷、钾肥料。辣椒在蔬菜中属高氮、中磷、高钾类型。因此,更要重视氮、磷、钾的充分供应。每 667 米² 温室撒施饼肥 100～200 千克、硫酸钾 20～30 千克、磷酸二铵 50～100 千克、尿素 10 千克、生物有机肥(EM 菌、CM 菌、酵母菌等)50～100 千克,均匀撒施于地面。并适当施用辣椒所需的钙、镁、硼、锌、铁、铜等中量、微量元素。

(3)**深耕细作,精细整地** 普遍深耕 30～35 厘米,旋耕机一般达不到该深度,可利用人工深翻,最低不得少于 25 厘米。均匀整地,达到土肥合一。

(4)**浇水及高温闷棚** 做畦后,顺畦浇水,浇匀浇透。可用薄膜覆盖地面,高温闷棚 10～20 天,地表温度达到 60℃ 以上为好,杀灭土壤中的病菌微生物和害虫虫卵,又能使有机肥进一步发酵腐熟。高温闷棚揭膜以后,以地面出现菌丝为最好,然后起垄或做畦进行定植。采用高温闷棚措施,生物肥或生物菌原液应在高温闷棚后,起垄或做畦时施用,也可在定植时沟施、穴施或冲施。

(5)**深耕及配套措施** 每隔 1 年深翻地 1 次,深度一般要求达到 30 厘米以上,可结合休闲期种植苜蓿或豆科作物,实行压青改土,培肥地力。根据土壤酸碱度情况,及时采取措施调节。实施轮作换茬,最好辣椒与瓜类、豆类、十字花科类作物轮作。

3. 如何对日光温室进行消毒?

连茬种植辣椒的日光温室,应每年进行 1 次消毒处理,以杀灭温室及土壤中的害虫和病原菌。一般在盛夏高温季节,温室越冬茬辣椒拔秧后进行消毒处理。下面介绍几种以预防为主的日光温室、大棚消毒处理技术。

(1)高温闷棚消毒 高温闷棚就是利用太阳能的高温进行棚内消毒,是一个杀灭病菌、虫卵、清除杂草、改良土壤的好办法。一般在 7 月上旬至 8 月下旬进行。这种方法成本低、污染小、操作简单、效果好,容易被农民接受。

①首先结合整地,把有机肥一起施入深翻,以便借高温杀死有机肥中的病菌,地要整平、整细,再按照种植方式起垄或做成高低畦,有利于覆膜,提高地温。

② 浇足底水,增加湿度。一般土壤含水量达到田间最大持水量的 60% 时效果最好,一般灌溉的水面高于地面 3～5 厘米为宜。结合浇水每 667 米² 施用免深耕肥 2 千克,以增加土壤的透气性。

③密闭大棚,提高棚室气温和地温。用大棚膜和地膜进行双层覆盖,严格保持温室的密闭性,在这样的条件下处理,地下 10 厘米处最高地温可达 70℃,20 厘米深处的地温可达 45℃,这样高的地温杀菌率可达 80% 左右。

④适当延长闷棚时间。绝大多数病菌不耐高温,经过 10 多天的热处理即可被杀死,但是也有的病菌特别耐高温,如根腐病病菌、枯萎病病菌等土传病菌,由于其分布的土层深,必须处理 30～50 天才能达到较好的效果。高温闷棚对不超过 15 厘米深的土壤效果最好,对超过 20 厘米深度的土壤消毒效果较差。因此,土壤消毒后最好不要再耕翻,即使耕翻也应局限于 10 厘米的深度。否则,会将下面土壤的病菌重新翻上来,发生再污染。

(2)药物处理,灭菌杀虫 对往年有死棵现象的温室,进行土壤消毒。高温闷棚前,可用 50% 多菌灵可湿性粉剂或 70% 甲基硫菌灵可湿性粉剂,每平方米 10 克掺适量细沙撒于地表,翻入地中进行消毒。此外,在密闭温室之前,棚室体内表面再喷施 1 次 77% 氢氧化铜可湿性粉剂 500～800 倍液,或 2% 宁南霉素水剂

500 倍液和 80％敌敌畏乳油 1 000～2 000 倍液,或 70％吡虫啉水分散粒剂 5 000 倍液,或 1.8％阿维菌素乳油 3 000 倍液等杀虫剂,对墙面、地面、立柱面、旧棚膜内面全面喷洒消毒,以杀死躲在缝隙中的病菌和害虫。

（3）**熏蒸消毒** 定植前 10～15 天,每 667 米² 用硫磺粉 2 千克左右,加 80％敌敌畏乳油 0.5 千克,拌锯末 2～3 千克,在棚室内均匀分布 5～6 堆点燃熏蒸,杀菌、杀虫,密闭 24 小时后放风,无味再定植辣椒。

4. 日光温室辣椒栽培采用高垄地膜覆盖有什么优越性?

第一,高垄栽培便于浇水和冲施肥料,尤其便于大小行间隔沟浇水和交替冲施肥料,容易控制浇水量,土壤耕层通气性好,利于根系呼吸和生长。

第二,采用地膜覆盖,可以提高地温,还能增加耕作层土壤的热容量,便于调节棚内昼夜温差,使白天棚温上升不致过快,温度不致过高,而夜间棚温下降缓慢,夜温不致过低。

第三,地膜覆盖能保墒,减少土壤水分蒸发,防止地面板结,而且能降低室内的空气湿度,减少病害的发生和传播。有利于防病,并能缓解通风排湿与保温的矛盾。

第四,地膜覆盖后使表土与空气隔离,避免了一些靠水滴传播的病害的危害,可有效地防止病害的发生和传播。

第五,透明地膜覆盖能反射进入棚内的阳光,对植株下部叶片有增加光照、加强光合作用的效能。

第六,黑色地膜能抑制膜下杂草的生长,银灰色地膜具有驱避蚜虫的作用。在不同季节的生产中,可根据使用目的和使用季节的不同,选用不同种类的地膜和覆膜方法。

5. 日光温室辣椒栽培主要茬口有哪些?

日光温室辣椒栽培主要茬口有日光温室冬春茬、日光温室秋冬茬和日光温室越冬一大茬 3 种主要栽培形式。日光温室冬春茬栽培在 3 月底至 4 月初开始收获,这时南菜北运基地的辣椒生产已经结束,而华北地区塑料大棚春提早栽培的辣椒,在 5 月中旬左右才开始收获,此期间正值辣椒供应淡季,经济效益较高,主要是解决春节后到塑料大棚春提早栽培开始大量上市以前的市场供应。日光温室秋冬茬栽培主要是为解决秋延后生产结束之后供应上市的一茬生产。日光温室越冬一大茬栽培主要是为解决冬春季辣椒供应问题,以彩色甜椒生产为主。

6. 日光温室冬春茬辣椒栽培如何选择品种?

日光温室冬春茬辣椒栽培,冀中南地区一般 10 月中下旬育苗,1 月中下旬定植,3 月底至 4 月初开始收获,到 7 月份拉秧,也可越夏连秋生产,是栽培管理相对比较容易,且经济效益比较好的一茬。该茬口栽培须注重品种的早熟性,兼顾丰产性和抗病性。根据这一特点,故选用早熟品种冀研新 6 号、冀研 28 号、中椒 7号、海花 3 号、甜杂 3 号等甜椒品种和冀研 19 号、福湘 1 号、福湘 2号、苏椒 5 号等辣椒品种。

7. 如何确定日光温室冬春茬辣椒育苗期?

受外界温度和温室结构性能的限制,各地开始定植的时间不太一样,应针对当地生产现状,因地制宜,确定适宜播期。日光温室秋冬茬果菜类通常在 1 月中下旬拉秧,下茬可种植冬春茬辣椒。辣椒的苗龄一般为 90～100 天,因此确定辣椒播种期从 10 月中下旬到 11 月初,在 1 月中下旬左右开始定植。育苗期正值最寒冷的冬季,应选择日光温室进行育苗。定植期外界气温较低,棚室内气温和地温也较低,为减少伤根,促进早缓苗,最好采用营养钵或穴盘等护根育苗方法。

8. 日光温室冬春茬辣椒育苗应注意什么问题?

日光温室冬春茬栽培辣椒育苗前期温度较适宜,中后期正值最寒冷的冬季,外界气温较低,棚室内气温和地温也较低,在育苗期间注意以下问题。

(1)**适当早播种** 育苗中后期正值最寒冷的冬季,棚室内气温和地温较低,辣椒秧苗生长较慢。冬春茬栽培的主要目的是争取定植后早开花结果,早上市供应,需要培育适龄大苗。因此,适当早播种育苗,充分利用育苗前期温度较适宜的时段促进秧苗生长,在最寒冷的冬季到来前具有一定大小的适龄大苗。有条件的地区在冬季也可采用加温措施,促进秧苗生长。

(2)**采用营养钵或穴盘进行护根育苗** 主要目的是保护辣椒苗根系,防止定植时伤根,促进早缓苗、早发棵、早结果。

(3)**防止秧苗沤根** 冬季棚内气温和地温较低,湿度大时易引起秧苗沤根。其防止措施:一是选择透气良好的土壤做苗床,设法提高地温。二是采用电热线育苗,使苗床白天温度保持 20℃～25℃,夜间 15℃。三是控制浇水。四是一旦发生沤根,须及时通风排湿,也可撒施细干土和草木灰吸湿。

(4)**防止老化苗** 由于育苗中后期正值最寒冷的冬季,棚室内气温和地温也较低,辣椒秧苗生长较慢,易形成老化苗。其防止措施:一是严格掌握好苗龄,在寒冷的季节,低温时间不宜过长,设法提高地温和气温,促进秧苗生长。二是对老化苗,每平方米苗床喷施 10～30 毫克/千克赤霉素加磷酸二氢钾 300～500 倍液以促进秧苗生长。

(5)**防止秧苗冻害** 在寒冷的冬季,由于棚室内温度过低引起。其防止措施：一是改进育苗手段，采用人工控温育苗，如电热温床育苗等。二是保暖防冻。在寒流到来之前加强夜间保温，如加厚草苫、覆盖纸被、加盖小拱棚。尽量保持干燥，防止雨雪淋湿。必要时采取加温措施，如生炉火。三是适当控制浇水，合理增施磷肥，提高秧苗抗寒能力。四是对冻害苗喷施营养液。营养液配方是：绿芬威 2 号 30 克，加白糖 250 克、赤霉素 1 克、生根粉 0.3 克，对水 15 升。

9. 日光温室冬春茬辣椒定植前如何整地施肥？

前茬作物收获后，要及时清洁田园，尽快整地施肥。每 667 米² 施用优质圈粪或堆肥 5000 千克、磷酸二铵 50～100 千克、饼肥 100～200 千克、硫酸钾 20 千克、尿素 5 千克作基肥，重茬地还可每 667 米² 施用硫酸铜 3 千克、硫酸锌 1 千克防病。深耕后做畦或起垄。辣椒可平畦栽，也可垄栽，但考虑地面覆膜、浇水方便以及有利于提高地温，建议采用南北向垄栽。这一茬口宜采用大、小行栽培，大行距 60～70 厘米，小行距 40～50 厘米，垄高 12～15 厘米，做好垄后等待定植。

10. 日光温室冬春茬辣椒栽培如何定植？

由于日光温室冬春茬辣椒栽培属于早熟栽培，在前茬蔬菜收获后，尽快整地，定植期越早越好。一般定植期可确定在 1 月中下旬，也可提前到 1 月初。此时外界气温较低，定植必须选在晴天，而且期望定植后能遇到几个连续的晴天。定植宜在上午进行，最好不晚于下午 2 时。定植时要大小苗分开，一垄之上要大苗在前，小苗在后摆好。在垄上按株距 35～40 厘米开穴定植，每 667 米²定植 3000～3500 株，以密植争取早期产量。定植水可穴栽后分株浇水，称水稳苗。天气好也可顺沟浇定植水，然后用地膜覆盖以保温、保湿。采用这种先定植后盖地膜的方法,有利于提高定植质量和浇足定植水,还能避免定植处膜孔过大,以免影响地膜的增温保墒效果。也可在定植前做好垄后,用一整幅地膜覆盖在小行距的两个定植垄上,地膜宽度以使膜边覆到两个定植垄上后搭到垄外边 6～8 厘米为宜,地膜压实压严后等待定植。

11. 日光温室冬春茬辣椒栽培如何进行田间管理?

(1)**生长前期管理** 日光温室冬春茬辣椒生长前期是指定植后至采收始期。此期管理不仅要竭力促根,还要在基本保证茎叶生长的基础上,促进侧枝生长。定植后 5～7 天是缓苗期,要在穴浇稳苗水的基础上,再分穴浇 1～2 次水,最好用在温室里预热的水,尽量减少因浇水而降低地温。定植后正值"数九寒天",管理上尽可能地增温、保温。缓苗期要密闭温室,白天温度可以超过30℃,夜间力求达到18℃～20℃。此间要随时进行查补苗。缓苗后(定植后 10 天左右)要顺沟浇 1 次水。若基肥不足又没有覆地膜,可在浇水前在行间开沟施入磷酸二铵,每 667 米² 施入 15～20千克磷酸铵。施后盖土浇水,以水压肥。若采用地膜覆盖栽培的,可每 667 米² 随水冲施稀人粪尿 5 000～10 000 千克,也可追施氮磷钾蔬菜专用肥 20～25 千克。辣椒缓苗后坐果前其光合产物主要用于茎叶生长,开花结果后主要用于果实生长发育。故此期管理不仅要促根,还要在保证茎叶生长的前提下,促进开花结实正常进行,使营养生长和生殖生长平衡发展。

(2)**生长中期管理** 日光温室冬春茬辣椒生长中期是指采收初期至采收盛期,是辣椒生产的关键时期。这一时期的光合产物主要向茎叶生长和果实生长上分配,即所谓既发棵又长果时期。温度对花器质量和果实膨大生长都有重要作用。白天尽量不出现或少出现 30℃ 以上的高温,夜温维持在 20℃ 左右,最低也要在17℃以上。这样既可维持植株的长势,又不会对果实膨大带来不利影响。如果夜温在 20℃ 以上,虽然果实膨大速度加快,但植株则趋向衰弱。夜温 15℃ 以下对果实生长不利,甚至出现"僵果"等畸形果。

土壤要保持湿润,一般结果前期 7～10 天浇 1 次水,结果盛期每 6～7 天浇 1 次水。结合浇水进行追肥,追肥用肥量一次不宜太多,也不能单一追施氮肥,必须氮、磷、钾肥配合施用,尤其以氮、钾肥为主。在门椒膨大时进行追肥,每 667 米^2 追施硫酸铵 15～20 千克,或生物菌肥、腐殖酸有机肥,也可施用三元复合肥 25 千克。以后每隔 1 次水或 2 次水追肥 1 次,每 667 米^2 追施三元复合肥 25 千克。除了追肥外,还可进行叶面追肥。

光照对光合作用十分重要,此期棚膜已经使用 5～7 个月,薄膜趋向老化,透光性会明显下降。此时需要经常清扫棚膜上的灰尘,尽量增加透光。

一般定植后 40～50 天开始采收,门椒、对椒宜适当早摘,以免影响植株长势。采收时为了不损伤幼枝,最好是剪果。

(3)**生长后期管理**　日光温室冬春茬辣椒生长后期是指辣椒采收盛期过后这一时期。采收盛期过后,其光合产物分配到茎叶的比重明显减少,植株趋向衰老。此期的管理应以维持植株长势,延长结果期,防止早衰减产为主。最好先用 3 毫克/升复硝酚钠灌根,促进新根的发生,进而恢复植株长势。同时注意不能缺水,也不能缺肥。追肥应以氮、钾肥为主,并做到追肥与浇水相结合。可以进行大放风时,顺水冲入人粪尿,每 667 米^2 用量一般不超过1000 千克,对维持植株长势和防止早衰非常有利。施肥注意事项及中后期喷施叶面肥等可参照第六部分春季塑料大中棚栽培有关内容。采用嫁接苗长势旺盛,收获期可延长到秋季。

12. 日光温室冬春茬辣椒栽培如何保花保果?

日光温室冬春茬辣椒生长前期温度较低,湿度较大,授粉受精不良易发生落花落果;生长后期温度较高、湿度较大,植株趋向衰老易落花落果;病虫危害也是引起落花落果的原因之一。为提高辣椒坐果率可采取以下措施。

第一,培育适龄壮苗,育苗期不过长,不用徒长苗和老化苗定植生产。

第二,在生长前期,开花坐果时外界温度较低,管理上以增温、保温为主,保持棚内较适宜的温度,棚内气温白天不低于20℃,不高于35℃,最好保持在25℃左右,夜间温度不低于15℃。

第三,开花坐果期为防止空气湿度过高,适当进行通风,降低湿度,适宜坐果的空气相对湿度为70%左右。

第四,可以采取措施用植物生长调节剂蘸花或喷施。利用30～40毫克/千克防落素溶液,用手持喷雾器喷花,可提高坐果率。也可用沈农2号丰产剂喷花促进坐果。使用促进坐果激素提高坐果率,一般在花朵开放前后12小时内使用,一天中最好在上午10时前进行,时间太晚效果不好。另外,一定注意其使用浓度,为防止重复蘸液,可在植物生长调节剂溶液中加入少量食品红标志。开花期用于植株叶面喷洒的生长调节剂有汽巴瑞培乐、碧护、增产灵、辣椒灵等促进坐果和果实膨大。

第五,在生长后期,采用根系追肥和叶面追肥相结合的方法,防止植株早衰。及时将主茎上老叶摘掉,促进侧枝生长。促进开花坐果,延长结果期。

13. 日光温室冬春茬辣椒栽培采用膜下滴灌有什么优越性?

(1)有利于提高和保持地温 在温室内将滴灌管铺设于地膜下面,滴灌浇水时只是局部湿润辣椒根部,不会形成大水漫灌时的地表径流,不会因浇水而大幅度地降低地温,可有效地保持较高的地温,促进早发根,早缓苗,早成熟。

(2)**有利于降低温室内的湿度** 由于滴灌管铺设于地膜下面，滴灌浇水不仅节水，而且可以降低棚内的湿度，降低病害发生，尤其是土传病害的发生、传播，减少用药量。

(3)**采用水肥一体化滴灌技术** 采用水肥一体化滴灌技术不仅省工，还可提高肥料利用率，降低施肥量，节约成本。使用滴灌使土壤的通透性良好，有利于根系生长发育，提高吸收养分能力。

(4)**提早成熟，提高效益和产量** 由于日光温室冬春茬辣椒栽培属于早熟栽培，采收期越早，效益越好。而应用膜下滴灌有以上优越性，在一定程度上促进辣椒早熟，提高了产量，从而提高效益。

14. 日光温室秋冬茬辣椒栽培如何选择品种？

辣椒日光温室秋冬茬栽培整个生育期的气候特点是：温度由高温变到低温，日照由强变弱。秋冬茬栽培前期处于高温、高湿，不利于秧苗的生长，容易发生病虫危害，秧苗易发生徒长；而中后期气温逐渐降低，果实生长发育速度较慢。因此，在选择品种时应首先选用抗病毒病、疫病等病害能力强的品种；其次是选耐低温、耐弱光、果实膨大较快的中早熟品种，如冀研新 6 号、冀研 12 号、冀研 13 号、冀研 28 号、中椒 7 号、硕丰 9 号、甜杂 6 号等甜椒品种和冀研 19 号、湘研 15 号、苏椒 5 号等辣椒品种。

15. 日光温室秋冬茬辣椒如何育苗？

辣椒日光温室秋冬茬栽培是为解决秋延后生产结束之后供应上市的一茬生产。一般是 7 月下旬到 8 月初开始育苗，苗龄 30～40 天，植株长有 7～9 片真叶，8 月下旬至 9 月上旬定植，定植后 40～50 天始收，1 月中旬至 2 月初拉秧结束。育苗期播种期正值高温多雨季节，应采用营养钵或穴盘护根育苗，搭建遮阳防雨棚等措施，以预防病毒病、疫病等病害的发生。这茬辣椒的育苗可以参照第六部分塑料大棚秋延后辣椒栽培育苗方法有关内容。

16. 日光温室秋冬茬辣椒定植前如何整地、施肥？

日光温室秋冬茬辣椒定植期及生长前期外界气温较高,病害发生严重,尤其土传病害容易流行,基肥要施入硫酸铜、硫酸锌减轻土传病害和病毒病发生。一般每 667 米^2 施用优质圈(厩)肥5 000 千克、饼肥 100～ 200、三元复合肥 50～100 千克、硫酸铜 3千克、硫酸锌 1 千克、硼砂 1 千克、生物钾肥 1 千克。深翻整平后,起垄。

17. 日光温室秋冬茬辣椒栽培如何定植？

日光温室秋冬茬辣椒栽培生长前期外界气温较高,植株长势较旺盛,后期温度较低,通风透光较差,湿度较大时易引发灰霉病等病害流行,栽培密度可适当稀植。一般每 667 米^2 定植密度2 500 株左右,采用大小行栽培,大行距 70～80 厘米,小行距 40～50 厘米,穴距 40 厘米左右,单株栽培。生长势强的品种,还可适当稀植。定植时间应选择阴天或多云天气,晴天宜在傍晚凉爽时定植为宜,防止暴晴天定植秧苗过度萎蔫不利缓苗。随栽随浇,要把垄洇透。

18. 日光温室秋冬茬辣椒生长前期如何进行田间管理？

(1)田间管理原则　日光温室秋冬茬辣椒栽培生长前期是指定植后至坐果前这一时段,这时外界气温较高,光照较强,而生长后期光照时间短、强度小,温度低。为了争取在有限的时间里拿到产量,在整个生长过程中都要"重促,忌控",并尽最大努力防治病毒病的发生和危害。这一时期应抓紧做好水肥管理、温度调控、病虫害防控等几项工作。

(2)**水分管理** 水分管理是定植后至坐果前的关键。定植后正是高温、强光季节,棚内气温高、蒸发量大,土壤水分一旦缺乏,就会影响前期发苗。这段时期对幼苗的促控应掌握宁可幼苗有徒长趋势,也不能使生长受到抑制。如果幼苗生长受到抑制,随之带来的是病毒病的严重发生,开花、坐果前如果感染病毒病,盛果期之前可因病毒病危害造成绝收,因此这一时期的水分管理很重要。一般定植水后,隔 1 天再浇 1 次水,促进缓苗,水后浅中耕(深约 3 厘米);缓苗后浇第三次水,以后加强中耕保墒,促进根系生长。蹲苗 7 天左右,再开始浇水,此后保持土壤见干见湿,一般 7～10 天浇 1 次水,以保持旺盛的营养生长,避免病毒病的发生,这样前期产量才有保证。采用地膜覆盖栽培的,在浇缓苗水后 5～7 天覆盖地膜保墒。采用膜下滴灌的可参见第六部分塑料大棚辣椒栽培膜下滴灌管理有关内容。

(3)**肥料管理** 在生长前期,幼苗不缺肥一般不追肥,若出现缺肥现象,结合浇缓苗水施 1 次提苗肥,每 667 米^2 随水追速效氮肥 8～10 千克,促进缓苗。

(4)**温度管理** 9 月上中旬光照较强,棚室内气温较高,蒸发量大,棚室内湿度也较高,容易引发秧苗徒长,要做好控温、降湿防徒长工作。棚膜要上下各留 1 米宽放风口,昼夜通风,以便降温、降湿,防止植株徒长和落花落果及病害发生。白天阳光照射强烈时,可适当覆盖遮阳网起到遮阴、降温的作用,一般宜选用 60%～75% 的遮阳网。一般掌握白天温度为25℃～30℃,夜间不低于 18℃～16℃为宜。尤其在开花坐果期前后要严格掌握好夜温,促进坐果。温度过高或过低都可降低坐果率,且容易形成畸形果。

(5)**病虫害防治**

①及时防治蚜虫、白粉虱和茶黄螨等传毒媒介 此时气温较

高,蚜虫、白粉虱和茶黄螨等虫害发生严重,随之又带来病毒病危害。为减少虫源,在棚室的放风口覆盖防虫网,棚室内挂黄板诱杀蚜虫、白粉虱,减轻虫害的发生和危害。药剂防治可采用25%噻虫嗪可分散粒剂5000倍液,或70%吡虫啉水分散粒剂5000倍液防治蚜虫和白粉虱。同时,要防治茶黄螨危害,定植前苗床要防治茶黄螨1~2次,定植后到坐果初期,正是茶黄螨危害最严重的时期。如果防治不及时,可造成大幅度减产或绝收,同时会引起病毒病严重发生。可采用1.8%阿维菌素乳油3000倍液,或30%哒螨·灭幼脲可湿性粉剂2000倍液。喷雾时以叶背面为主,注意喷头朝下喷生长点受害部位。一般5~7天喷1次,连喷3次,如危害严重还可适当缩短喷药间隔期。

②防止病毒病的发生 生长前期气温较高,传毒媒介发生严重,气温较高有利于病毒病发生、危害,开花、坐果前如果感染病毒病,影响植株发育和降低坐果率;盛果期可因病毒病危害影响果实生长发育,造成大幅度减产,甚至绝收。因此,生长前期是防控病毒病发生的关键时期。防治病毒病,首先要及时防止蚜虫、白粉虱和茶黄螨等传毒媒介传播病毒病;其次在发病前,可叶面喷施0.1%硫酸锌+0.2%磷酸二氢钾,或0.2%高锰酸钾预防病毒病的发生。在点片发生期及时喷洒20%吗胍·乙酸铜可湿性粉剂600倍液,或10%宁南霉素水剂600倍液,或1.5%烷醇·硫酸铜乳剂100倍液等药剂,防治病毒病。

19. 日光温室秋冬茬辣椒生长中期如何进行田间管理?

(1)水肥管理 大部分门椒坐果后,适当缩短浇水间隔天数,一般6~10天浇1次水,经常保持土壤湿润。结合浇水追1次重肥,每667米^{2}用硫酸铵20~25千克,也不能单一追施氮肥,应氮、磷、钾配合施用,尤其以氮、钾肥为主,也可施用三元复合肥

20～25千克。其后隔15天左右再追1次重肥,追施三元复合肥20～25千克或追施冲施肥。除了根系追肥外,还可进行叶面追肥。到11月上旬,结合浇水再追施一次速效肥,最好每667米²用粪稀或硫酸铵15千克左右。从10月下旬开始,随着外界气温逐渐降低,放风量减小,棚内水分散失较慢,浇水间隔天数宜适当延长,但仍需经常保持土壤湿润。浇水的间隔天数和浇水量要依据土壤含水量、植株长相来综合分析判断。从果实上看,灯笼果果实顶部变尖或表面大量出现皱褶表明水分不足,应及时浇水,否则要影响产量。

(2)**温度管理**　秋季应根据天气变化调节温度,当夜温低于15℃时,夜间应关闭放风口保温;夜间棚温不低于16℃～18℃,当外界气温逐渐下降、温度不能保证时,要及时加盖草苫、纸被进行保温。白天温度以25℃～28℃为宜,超过30℃时应及时放风降温。辣椒开花结果的适温是18℃～26℃,适宜坐果的夜温是16℃～18℃,开花坐果期要严格掌握好夜温。开花坐果期夜温低于15℃只开花不坐果,长期低于15℃,因不能授粉受精,容易形成畸形果和柿饼子果(无种子果)。应适当早放草苫保温,前半夜达到17℃～19℃、后半夜达到14℃～16℃。

20. 日光温室秋冬茬辣椒生长后期如何进行田间管理?

(1)**增温、保温**　此时已进入冬季,外界气温寒冷,坐果后到采收阶段的管理主要内容是尽可能地增温、保温和增加光照。要经常清扫棚膜上的尘土,适当早放苫保持夜间温度,尽量增加草苫数量提高夜温。在12月中下旬浇足膨果水后,一般低温期不浇水。

(2)**注意放风排湿**　高湿很容易发生灰霉病,引起果实和植株腐烂。条件允许时,尽量进行放风排湿。排湿时还要注意消除棚膜上的水滴,防止其滴落到果实和植株上引起烂秧烂果。发生灰霉病时可用 40%嘧霉胺悬浮剂 1000 倍液,或 50%乙烯菌核利悬浮剂 1000 倍液,或 16%己唑·腐霉利悬浮剂 600 倍液喷雾防治。

(3)**植株支护和调整** 一般栽培的辣椒是不需要支架和整枝打杈。但在温室栽培时,由于植株生长旺盛,株型相对高大,枝条容易折断,而且生长后期棚内光照也差,为了方便作业和改善植株间的通风透光条件,通常需要使用吊绳或竹竿对植株进行支护,防止植株倒伏或倾斜。及时打掉门椒以下侧枝,生长中后期及时将细弱的枝条、无果侧枝打掉,摘除下部病叶、老叶,增加通风透光性。

(4)**及时采收** 当冬季温室最低气温稳定降到 10℃ 以下时,植株和果实生长已经缓慢,如准备拔秧种下茬作物时,选择晴天早晨棚内温度较低时,将果实采收,通过贮藏延长供应期。

21. 日光温室越冬一大茬辣椒栽培如何选择品种?

日光温室越冬一大茬辣椒栽培重点是解决春节前后、早春及初夏辣椒紧俏时的市场供应,可大幅度提高菜农经济效益。由于辣椒日光温室越冬一大茬是栽培期较长的一种茬口,其栽培的环境特点是低温、弱光、通风不良、温室内湿度大。因此,该茬口对品种要求是品种本身具备耐长期栽培、抗早衰、耐低温弱光、抗病性强、产量高等一些特点。目前,建议选用从以色列、荷兰等进口的甜椒和辣椒品种为主。

22. 日光温室越冬一大茬辣椒栽培如何育苗?

一般可在 8 月上旬至 8 月底进行播种育苗,播种过早病害重,播种过晚难以在严冬前光照、温度都较好的时期搭起丰产架子。越冬茬育苗期间温度高,最好采用穴盘或营养钵护根育苗方法。播种后到定植的天数与苗期温度和水分状况有一定关系,如条件适宜经 30～40 天即可定植。定植苗太小时,则长茎叶的劲头大,容易引起大量落花,以后整枝也困难;定植苗过大时,植株发根慢,尚未长起植株就开始结果,造成花打顶,以后生育不良,更难指望丰收。适宜定植的秧苗大小是门椒已现蕾,定植后缓苗就能开花。具体育苗技术可参见秋冬栽培茬口育苗技术。这一茬口适宜采用辣椒嫁接苗,可参见辣椒嫁接育苗技术部分。

23. 日光温室越冬一大茬辣椒栽培如何选用日光温室?

辣椒冬季生产与黄瓜、番茄相比,具较耐弱光的优势条件,但其开花坐果期夜间需要较高的温度又成为冬季辣椒生产的劣势。而且越冬一大茬辣椒生产,首批果实要在春节前上市,需保证足够的积温,应选用高效节能型日光温室。采用保温和采光性能良好的日光温室,一般年份棚内最低气温保持在 11℃～13℃,遇到冷冬年份,棚内最低气温也能保持 8℃～10℃。使开花坐果期避开"三九"、"四九"这段低温期,能保证辣椒安全越冬。

24. 日光温室越冬一大茬辣椒栽培如何整地施肥?

日光温室越冬一大茬辣椒栽培生长期较长,要过冷热两关,即育苗时的高温关和盛果期的低温关,施足基肥、造墒深耕是丰产的重要条件。一般要求每 667 米^2 用优质厩(圈)肥 7 500～10 000 千克、过磷酸钙 75～100 千克、硫酸钾 20～30 千克、碳酸氢铵 50～75 千克、饼肥 150～200 千克。基肥宜采取地面铺施和开沟集中施相结合的方法,2/3 基肥普施,人工深翻两遍,把粪和土充分拌匀,而后搂平。按种植行距开南北向的沟,把剩余基肥撒入沟内,也要翻倒 2 遍,把粪与土充分混匀。而后在沟内浇水,可以操作时再扶起垄。作为越冬茬长期栽培,宜采用大小行栽培,大行距 70～80 厘米,小行距 40～50 厘米,垄距 1.2 米,垄不宜太高,一般垄高 15 厘米左右。

25. 日光温室越冬一大茬辣椒栽培如何定植?

一般定植期在 9 月中下旬,垄上双行植株错位定植。定植密度根据栽培方式不同而不同,力求株间不郁闭,通风透光好。长季节栽培的,每 667 米² 定植 1 600～2 000 株,株行距为 90 厘米×35～45 厘米。栽培季节稍短的,可适当密植,每 667 米² 定植 2 200～3 000 株,行株距为 60 厘米×35～45 厘米,可采用大小行栽培,大行距 70 厘米,小行距 50 厘米。定植时要掌握两个原则:一是 1 行之上大苗要栽在南边,小苗栽在北边;二是 1 行上要南边密北边稀,中间采用平均株距,使植株高矮错落有序,减少株间相互遮阴。先把秧苗摆放调整好,再按要求的穴距挖坑,先在坑内浇水,坐水栽苗。如果干栽后浇水往往不易把营养土坨的下部湿透,会影响根系的发育。定植深度以埋土深度与土坨齐平为宜。全棚栽完后再顺沟浇透定植水,3～5 天浇缓苗水。原则上掌握"浇足水不能过大,浇透水必须要匀"。采用膜下滴灌的可定植前铺设滴灌管和地膜,也可在定植 5～7 天后覆盖地膜。

26. 日光温室越冬一大茬辣椒栽培田间管理特点是什么?

日光温室越冬一大茬辣椒栽培生长前期,外界气温较高,光照较强,与日光温室秋冬茬辣椒栽培生长前期所处的环境条件相似,这一时期的田间管理可参照日光温室秋冬茬辣椒栽培生长前期的田间管理部分。而生长中期处于深冬季节,光照时间短、强度小,温度低,此期的田间管理非常重要,应尽量增温保温,增加光照,使植株尽量保持健壮生长。生长后期气温逐渐升高,光照逐渐增强,与日光温室冬春茬辣椒栽培所处的环境条件相似,这一时期的田间管理可参照日光温室冬春茬辣椒栽培的田间管理部分。

27. 日光温室越冬一大茬辣椒栽培为什么要进行植株调整？如何进行植株调整？

一般辣椒栽培是不需要整枝、支架的，但作为越冬一大茬长期栽培，生长期长，植株高大，枝叶繁茂，植株间易相互郁闭，影响通风透光性。为增加植株间通风透光性，一是需要进行植株整形，通过剪枝、整枝和支架牵引枝条，避免形成田间郁闭和通风透光不良而导致落花落果，影响果实的产量和品质；二是及时进行整枝、打杈、摘除老叶和病叶等田间管理工作，有利于改善植株间通风透光条件，以提高采光量，从而提高产量和品质。

(1)修剪整枝 辣椒最忌发生重叠枝，生长前期需要剪除互相拥挤的枝条，以防止植株直立生长。12 月中旬后发生的大量枝条会造成内部拥挤，枝条互相重叠，需要及时进行疏间。

(2)及时疏果 辣椒越冬生长因地温、气温偏低，而使生长势减弱。门椒和对椒在不旺长的情况下，一般不保留。及时摘除扁平果、畸形果、虫果、伤病果及稠密果，以达到均衡协调上、下部的结果，使营养物质分配更加合理，以提高产量和品质。

(3)摘除病、老叶 对一些植株下部的病叶、老叶要及时摘除，以减少病源传播和增加地面及下部光照，改善植株间通风透光条件。

28. 日光温室越冬一大茬辣椒栽培如何进行吊枝？

吊枝是植株整枝的第一步，一般在定植缓苗后 20 多天、植株长至 20 厘米高时进行。吊引枝条时，可在日光温室北边的后立柱上距地面 2～2.2 米处东西向固定 1 根 10 号铁丝，在日光温室南边的前立柱近顶端东西向也固定 1 根 10 号铁丝。再按栽培行方向（南北向）每行固定 1 根 16～18 号铁丝，两端分别系在前、后立柱的铁丝上。有的地方为更好地使植株开展，在每行的上方拉起

3 道南北向的铁丝。吊枝时,用聚丙烯塑料绳或尼龙线绳的下部拴在植株茎上,上部系在顺南北栽培行扎的铁丝上,如果每株留3～4 个结果枝条,就应扎 3～4 条吊绳,每个结果枝条扎 1 条吊绳,主要防止果枝折断和植株倒伏。每行上方拉起 3 道南北向铁丝的,可用几根尼龙线绳分别系于保留的 3～4 个结果枝条的分枝点处,上边系到左右 2 根铁丝上,形成"V"形牵引。牵引的角度要视植株长势而定,长势旺时,可放松些,使主枝的生长点向外侧稍微倾斜。因结果造成植株长势衰弱的枝条,可用绳缠绕尖端稍加提起,以助长株势。中间铁丝牵引的枝条,原则不要高于两侧的主枝。无限生长型甜椒吊绳应扎高 2 米左右,矮生型甜椒扎高 1.5米左右。目前,一些地方也有采用竹竿插架支撑的。方法是在栽培行上插起单壁架,中间绑 2～3 道腰杆,其中两条走道垄之间的2 个单壁架用横杆连接起来,以增加牢固性。

29. 日光温室越冬一大茬辣椒栽培如何进行整枝?

(1)**两杈整枝** 去掉门椒后,植株仅保留 2 个长势旺盛的侧枝,在每个分枝处均保留 1 个果实,其余长势相对较弱的侧枝和次一级侧枝全部去掉。这种整枝方式适宜长期高架栽培或高温季节栽培采用,而且只能在那些长势很旺盛、坐果率高的品种上应用。这种整枝果实采收比较分散,不能大量集中上市,在一年一大茬生产中应用比较合适。

(2)2+1 **整枝** 与两杈整枝相似,不同点是在第一节分杈时,保留 1 个坐住果的侧枝,并在果实上部保留 2～4 片叶后掐尖。以后随着植株不断分杈,需要不断进行打杈,始终保持整个植株留有2 个主要侧枝不断向上生长。此法比两杈整枝多留 1 个坐住果的侧枝,可稍微提高前期产量,并能适应长期高架栽培,如秋冬茬日光温室栽培和一年一大茬日光温室周年栽培等。

(3)2+2 **整枝** 去掉门椒后,当对椒已坐果时,在对椒上面保留 2 个生长势健壮的主要侧枝,其余 2 个相对较弱的次一级侧枝在坐果后,在果实上部留 2～4 片叶掐尖。以后随着植株不断分权,需要不断地进行打权,始终保持整个植株留有 2 个枝条不断向上生长。注意在留两个不掐尖的枝条时,不能是同一个分权上的枝条。这种整枝方式前期产量很高,但是中期果实会受到影响。比较适合栽培期短、要求前期产量较高的栽培方式。

(4)3 干整枝　去掉门椒后,当对椒坐住时,保留 3 个长势健壮的主要侧枝,在每个分枝处均保留 1 个果实,及时去除侧枝,始终保留整株留 3 个主枝不断向上生长。此种整枝方式单株结果数较多,如果水肥管理跟不上,则容易出现果实偏小和畸形果。因此,生产上如果采用此方法必须严格水肥管理,以保证果实正常膨大和着色均匀。

(5)4 干整枝　去掉门椒后,对椒上面保留 4 个健壮枝条,使其不断生长,去除其余侧枝。这种方式比 3 干整枝留果更多,更容易出现畸形果和小果。所以采用这种整枝方式的水肥管理一定要跟上,一般在温度较高的季节采用这种方式比较合适,如秋大棚栽培。

30. 日光温室越冬一大茬辣椒栽培深冬阶段如何管理?

(1)温度管理　进入 12 月到 2 月中旬的冬季低温时期,植株已基本长大,进入坐果期,应加强增温保温管理。白天温度达 30℃时要开天窗通小风。开花坐果期,白天保持 22℃～26℃,夜间保持 15℃～18℃;果实膨大期与转色期,白天保持 25℃～30℃,夜间保持 15℃～20℃。辣椒比黄瓜、番茄要求的温度要高,对低温的敏感性也很强,如温度低于 13℃就可能引起单性结实,形成"僵果"。所以,用作越冬一大茬栽培辣椒的温室,应具有极好的保温性能,并在进入严冬后能采取各种措施加强保温。地温对辣椒生育和结果有着重要影响,地温低于 18℃ 产量要受到影响,低于 13℃ 不仅产量受到严重影响,还容易形成"僵果"等畸形果。进入 1 月份地上枝叶繁茂,阳光直接照射地面的机会明显减少,外界气温又低,地温上升受到限制,如果遇有连阴雾天、雪天,地中热量大量散失,地温会持续下降,时间一长,根系就会受到伤害,进而导致地上部植株出现衰退现象。要解决好地温问题应从几方面着手:一是基肥中大量增施秸秆等有机肥,提高土壤的蓄热能力;二是搞好整枝、摘叶,增加直射到地面的光线;三是进行地面覆膜,必要时人行道也要适度覆膜,但也不宜全部盖严,还须保留一定散发水分和释放土中二氧化碳的裸露地面,以保持室内有个比较适宜的空气湿度和二氧化碳补给。

(2)**肥水管理**　深冬季节光照条件差,温室内温度也低,需要适当控制浇水,要根据辣椒的长势和天气情况施肥和浇水。当连续晴好天气两天以上,棚内最低气温在 12℃ 以上时,植株表现缺水时,就应抓住有利时机浇水施肥。当寒流来袭,气温骤降,或遇连续阴雪天气时,追肥和浇水应停止。一般 10~15 天浇 1 次水,在小行间于膜下浇小水,尽量在早晨浇水,使用深机井水可减少因浇水而降低地温。此时正值盛果期,应每水带肥,要交替施用有机肥和化肥。可每 667 米² 冲施腐熟的饼肥水 250 千克或畜禽粪肥 500 千克左右,并配施硫酸钾型复合肥 10~15 千克,或追施氮磷钾三元复合肥 25 千克。每冲施 1 次复合肥,间隔施 1 次尿素。并视植株长势选用 0.3% 磷酸二氢钾溶液或 0.2% 尿素溶液叶面追肥,注意选择在晴天追肥补水。有条件的可采用温室内二氧化碳施肥。

31. 日光温室越冬一大茬辣椒栽培春季天气转暖后如何管理?

春季天气转暖后日光温室越冬一大茬辣椒正处于盛果期,此时光照增强,随着气温和地温的逐渐回升,根系的生长和吸收能力增强。因此,早春温室辣椒管理的主攻方向应是增加肥水供应,提高坐果率,促进果实膨大,预防植株早衰。

(1)加强水肥管理 随着温度逐渐升高,温室内空气干燥,高温加干旱常会妨碍辣椒正常开花受精,引起落花落果,应及时浇水。除了加强水分管理外,还要把垄间的地膜适时揭除一部分,以保持温室内有较高的空气相对湿度(70%~80%)。以水带肥,一般每10~15天追1次肥,可每667米^{2}冲施腐熟的饼肥水250千克或畜禽粪肥500千克左右,并配施硫酸钾型复合肥10~15千克,每冲施1次复合肥,间隔施1次尿素。浇水追肥要选择晴好天气上午进行,浇水后要立即通风排湿,防止湿度过大引发病害流行。有条件的适当补施二氧化碳气肥和结合病害的防治,喷施叶面肥,每隔7~10天喷1次。4月份以后,天气转暖,植株蒸腾量和土壤蒸发量增加,肥水的使用量和使用频率应加大,要缩短浇水间隔期,可隔1次水追1次肥。

(2)温度管理 逐渐加大通风量,晴天中午室内气温不要超过32℃,当夜间最低温度高于15℃时,要打开所有通风口昼夜通风。

(3)病虫害防治 防治脐腐病,坐果后,喷施1%过磷酸钙溶液,每隔5~10天喷1次,连喷2~3次。防治白粉虱,在危害初期用25%噻虫嗪水分散粒剂5000倍液,或70%吡虫啉水分散粒剂5000倍液,或1.8%阿维菌素乳油3000倍液交替喷雾,每10天喷1次,连续喷2~3次,采收前7天停止用药。

32. 辣椒冬春低温季节栽培哪些因素容易引起棚室内湿度过大？如何预防？

(1)引起棚室湿度过大的原因　高湿是引发各种病害的主要因素，高湿、低温易诱发沤根、猝倒病、灰霉病等病害，高湿、高温易诱发疫病、炭疽病、细菌性病害等病害，造成减产甚至植株死亡。高湿、高温还易引发植株徒长，而降低产量。冬春低温季节引起棚室内湿度过大的原因主要有：棚室内采用畦灌或沟灌浇水量过大或浇水次数过多，通风不及时；浇水后遇连阴雨天，或在阴雨天下午或傍晚浇水；棚室内气温下降时，湿度相对升高，如在冬季早晨揭开草苫后十几分钟内(此时棚室温度最低)常出现相对湿度最大值；冬季大棚膜下凝结的水滴顺膜而下，造成棚前边的土壤过湿，也增加了大棚湿度。

(2)预防棚室湿度过大的方法

①膜下灌溉　采用膜下滴管或膜下沟灌，减少土壤水分向棚室内蒸发量，可以明显地降低棚室内空气湿度。还能保证土壤湿润，提高地温。

②合理浇水　浇水的次数和每次的浇水量，需看天、看地、看苗情而定。低温季节一般应浇小水或隔沟轮浇，切忌大水浇灌。在棚室内温度较低，特别是不能通风时，应尽量控制浇水，更禁止畦灌。浇水宜在晴天 10～12 时进行，并配合通风排湿，不可在下午、阴天及雨雪天浇水，并应避免浇水后出现连阴雨天。

③加强保温增光措施　棚室内气温每升高 1℃，则空气相对湿度下降 3％～5％。应采取保温和增加光照的措施，提高棚室内气温。如每天清洁棚膜，增加透光率，提高棚温；外界气温过低时，棚室内出现低温高湿时，可采取临时辅助加温措施来提高棚温，使棚室内空气湿度降低，并防止植株叶面结露。

④加强通风管理　通风是排湿的主要措施，在严冬和早春，不

宜过早通风排湿,一般应在中午前后气温高时进行,以放顶风为主,不能放底脚风,以防棚室温度过低和"扫地风"伤苗。通风应以辣椒不遭受冷害为前提。

⑤改变用药方式　在棚室内,宜选用粉尘剂或烟雾剂防治病虫害,减少因喷雾而增加温室内的湿度。若用喷雾法防治,须在晴天上午进行,然后结合通风进行排湿。

33. 日光温室辣椒栽培冬春低温季节如何增强棚室内光照?

冬春低温季节光照时间短、光照强度低,如何增强温室内光照,对提高辣椒产量和品质至关重要。

(1)合理安排种植　温室内种植辣椒,以南北做畦定植可更好地接受光照。密度要合理,力求株间不郁闭,通风透光好,并遵循北高南低的原则,使植株高矮错落有序,减少株间相互遮阴。

(2)选用无滴薄膜　选用无滴薄膜扣棚,可增加棚内的光照强度。因无滴薄膜在生产的配方中加入了几种表面活性剂,使水分子与膜面的亲和力大大减弱,水滴易沿薄膜流失而保持膜面无水滴。

(3)经常清洁薄膜　棚膜上的水滴、尘土等污物,会使透光率下降,要经常清扫、冲洗棚面尘埃、污物和水滴,保持棚面洁净,以增加棚膜的透光率。

(4)调控揭帘时间　在做好保温工作的前提下,适当提早揭草苫和延迟盖草苫,即早揭晚盖,可以延迟光照时间。一般太阳出来0.5～1小时后揭苫,太阳落山前半小时再盖苫。遇阴雨连绵天气时,也要适当揭苫,以充分利用散射光,弥补光照的不足。有条件的,可使用电动卷帘机,这样可缩短揭盖草苫的时间,相对延长棚室内的光照时间。

(5)设置反光幕或增光设施　在温室北墙上张挂反光幕,可使

117

棚室内光照强度增加 10% 左右,还可提高棚温 1℃~2℃。另外,在地面铺设银灰色的地膜,也能增加植株底部的光照强度。人工补光,即在棚室内安装专用灯具,如植物钠灯、高压汞灯、碘钨灯等补充光照的不足。冬季补光应在日出后进行,每天补 2~3 小时,待室内的光照度增强后停止。阴雪天全天可补光,增产效果显著。

(6)**及时进行植株调整** 为避免植株生长茂盛形成田间郁闭,影响通风透光,要及时进行植株整形,打掉弱枝、无果枝及分杈,摘除老叶、病叶等,改善植株间通风透光条件,增加光照强度。

34. 日光温室辣椒栽培冬春低温季节容易发生哪些病害?如何防治?

冬季温度低,光照不足,根系吸收能力和叶片光合作用低,植株生长衰弱,易发生非传染性病害,如尖嘴果、柿形果、僵果、筋腐病等。以及在温度低、光照弱、湿度大的条件下易发生传染性病害,如灰霉病、菌核病等。

防治方法如下。

第一,选用增温、保温性好的日光温室,选用质量好的草苫和薄膜,草苫外可加盖无纺布或旧薄膜,温室内设立防寒幕等提高增温、保温性。

第二,严禁大水漫灌,要采用膜下暗灌或滴灌方式浇水。

第三,经常通风换气,降低湿度。外界气温低时,视天气情况在中午 12~14 时,放顶风 1~2 个小时,减少棚膜上的积水,降低湿度。

第四,及早摘除残存的花瓣,预防灰霉病。

第五,采用烟雾剂进行熏蒸,以降低棚内湿度。防灰霉病和菌核病每 667 米² 每次可用 10% 腐霉利烟剂或 45% 百菌清烟剂 250 克,于闭棚时点燃熏蒸,隔 8~10 天熏蒸 1 次。也可以采用在促进坐果的蘸花药剂中加入咯菌腈蘸花(每 2 升水加 2.5% 咯菌腈悬浮剂10毫升），辣椒通过加入咯菌腈蘸花后可有效地防治灰霉病、菌核病和绵腐病，达到不烂果的目的，防治效果显著。

第六，及时喷药防治。发病前预防可采25％嘧菌酯悬浮液3 000倍液喷雾，隔15～20天喷1次，连喷2次或与其他对症杀菌剂交替使用。发病后可采取10％苯醚甲环唑水分散粒剂1 500倍液加40％嘧霉胺悬浮剂1 000倍液喷雾，每次喷药加入0.2％的尿素和0.2％的磷酸二氢钾，以弥补根系对肥料吸收不足。

35. 日光温室辣椒栽培遇降雪天气如何管理？

(1)**增加覆盖物，及时清扫积雪**　遇降雪要盖好草苫，上加旧塑料膜或无纺布防雪，白天降雪也要覆盖好，保持草苫等覆盖物干燥；及时清扫积雪，防止棚上积雪过多，导致温室坍塌；雪停后及时揭去覆盖物，使植株见光。连阴雪天骤晴，可用分批揭苫的方法揭去覆盖物，揭后要注意观察秧苗的变化，发现萎蔫立即把草苫盖好，恢复后再逐渐揭开。如此反复，经2～3天即可转入正常管理。

(2)**采用嫁接苗**　连续几个阴雪天揭不开草苫，不见阳光，温室热量得不到补充，土壤蓄热大量散失后，地温降低到蔬菜的适应温度以下，根系受到损伤，导致病害发生。通过嫁接换根，不仅能提高抗病能力，可以大大提高根系的抗寒能力，减轻灾害天气的危害。

(3)**保暖增温**　在连阴雪天，温室内的气温和地温急剧下降，有条件的温室，可临时启动增温措施合理调控室内温度，如灯泡、暖气、临时可燃物等，但要注意用电安全，燃烧物要防止有害气体发生。为增温防冻可在日光温室内用无纺布或塑料薄膜进行多层覆盖，增加室内保温效果。

(4)**坚持连阴雪天揭盖草苫**　连阴天不下大雪时，都要揭开草苫，增加散射光，因为在辣椒的光补偿点以上的光照，都能进行光合作用。辣椒生长的光补偿点为3 000勒，连阴天气的光照强度大都可达到这个指标,这对于其正常生长,尤其是花芽分化十分有利。具体管理,只是比晴天晚揭早盖1个小时。同时在中午适当放风换气,以排出有害气体。

(5)**冻害救治** 温室棚内辣椒一旦发生冻害后,要及时摘除幼果,使有限的养分转移到营养生长,保住植株,防止由于低温弱光造成植株早衰。要合理应用叶面肥,已经受冻害和冻害严重的辣椒要禁止使用促进生长的激素类肥药,可适当喷施一些叶肥,如用绿芬威2号30克,或300倍液米醋喷叶,还可加入磷酸二氢钾30克,或1‰蔗糖+1‰米醋溶液喷施叶面增加辣椒抗性。天气转晴可适当追施尿素、磷酸二氢钾等速效肥料促进生长。

36. 日光温室辣椒栽培遇降雨天气如何管理?

(1)**覆盖物管理** 白天降雨,及时揭去覆盖物,防止草苫等温室覆盖物被雨水淋湿,影响保温效果;夜间降雨应在草苫等温室覆盖物上加旧塑料膜防止被雨水淋湿,若夜间降雨,未能覆盖防雨,雨后抓紧把覆盖物晒干。

(2)**通风换气,预防徒长** 遇阴雨连绵天气,由于长时间密闭棚室,通风换气不够,造成二氧化碳气体的匮乏,叶片发黄,节间拉长,引起温室辣椒徒长,病害加重,导致减产。所以在阴雨天要根据实际情况,及时进行通风换气。如果辣椒已出现徒长倾向,应采取喷施矮壮素等植物生长调节剂进行调控。

在连阴雨天气过后,气温陡升,通风换气时要注意草苫遮放结合,以免因突然拉起草帘造成植株急性萎蔫而影响辣椒正常生长。

(3)**避开连阴雨天浇水施肥** 连阴雨天,作物蒸腾作用和呼吸强度减弱,对水肥的需要量相对减少,棚室内空气相当湿度较大,此时冲肥和浇水易导致棚室内空气相对湿度过大,持续时间过长而发生病害;有时因冲施氮肥后通风差,易导致作物氨气中毒。因此,连阴雨天气一般不浇水施肥,最好选晴天上午9时以后再浇水施肥,以采用膜下暗灌或滴灌方式浇水为好。

(4)在药剂防治上以烟熏为主 阴雨天,空气湿度大,如果继续采用喷雾法防治病虫害,势必造成湿度更大,为病害的传播蔓延创造有利条件。因此,药物防治上应采用烟熏法或粉尘法,施用百菌清、腐霉利、乙烯菌核利等烟雾剂、粉尘剂对多种病害的防治效果良好。

37. 日光温室辣椒栽培在持续阴雪天后晴天如何管理?

在持续多日阴雪天后晴天,尤其遇到暴晴天,光照过强,揭开草苫后,温室内温度很快升高,辣椒叶片蒸腾量突然增大,而地温低,根系活动能力还很弱,蒸腾水分得不到补充,导致植株失水萎蔫(闪苗),如不及时采取措施,则会由暂时萎蔫进一步发展到永久萎蔫,最终枯死。所以,连阴雨天转晴后,覆盖物不能一次性全揭,采取揭花苫的办法逐步揭开,必须注意观察,发现萎蔫,立即放下草苫,恢复后再揭开,经过几次反复,不再萎蔫后再全部揭开草苫。第二天还要注意观察,如有萎蔫还应进行回苫。一般 3 天以后才能恢复,转入正常管理。

38. 辣椒日光温室栽培采用嫁接育苗有什么优越性?

辣椒是深受我国人民喜爱的一种蔬菜,栽培普遍,由于连茬种植,特别是设施栽培,同一棚室连续种植多年,连作障碍已成为制约辣椒生产可持续发展的重要问题。连作会使土传病害如疫病、根腐病、茎基腐病、青枯病、枯萎病等发生严重,病害流行时导致辣椒秧苗成片死亡,严重威胁辣椒生产。药剂防治土传病害效果较差、用药量大,而且易产生药物残留,对环境和产品影响大。通过采用抗病的辣椒品种作砧木,优良栽培品种作接穗,用嫁接技术培育嫁接苗不仅能有效克服土传病害的发生,而且减少农药使用,绿色环保,将成为辣椒防治土传病害的经济有效的措施。目前,嫁接育苗技术已在茄子、番茄上推广应用,取得了显著的防病增产效果。在辣椒上嫁接育苗技术开始应用的较晚,河北省农林科学院经济作物研究所进行了嫁接砧木品种的选育和嫁接技术的试验研究,经鉴定、筛选、选育及嫁接试验,筛选出抗病、抗逆性强,嫁接成活率较高的冀砧辣椒1号。通过嫁接试验,嫁接苗与同品种未嫁接苗相比,生长势强,疫病明显减轻、抗病毒病,熟性提早,果实增大,商品性好。

39. 辣椒嫁接育苗如何选择砧木品种?

在辣椒上采用嫁接育苗技术要达到防病增产效果,选择砧木品种是防病效果好坏的关键技术。应选用生长势强,根系发达,抗病、抗逆性强,亲和力高的辣椒优良品种或生长势强、高抗病的野生辣椒作砧木品种。目前,多数砧木为国外引进,有从南美洲引进的野生辣椒品种和从欧洲引进的抗病性强的辣椒品种,如塔基品种,是辣椒嫁接栽培专用砧木。河北省农林科学院经济作物研究所近期选育出嫁接砧木品种冀砧辣椒1号,其嫁接苗生长势强,疫病明显减轻,抗病毒病,熟性提早,果实增大,商品性好。

接穗可选择生产上应用的优良辣椒栽培品种即可。

40. 辣椒嫁接如何育苗?

采用嫁接育苗一般砧木要比接穗苗龄大 1~2 片真叶。为达到适宜的嫁接苗龄,如果砧木、接穗均采用浸种催芽的方法播种,砧木的播种期要比接穗适当提前 10~15 天育苗。冬春季播种育苗,如果只对砧木采用浸种催芽,而接穗只浸种不催芽,砧木、接穗可同一时间播种。砧木最好是播在营养钵或穴盘中,以便嫁接。

其他育苗技术同一般培育壮苗技术。

41. 辣椒常用的嫁接方法有哪些？

辣椒常用的嫁接方法主要是劈接，成活率可达 90% 左右。当砧木长到 5～7 片真叶、接穗长到 4～6 片真叶时开始嫁接。嫁接前 1 天下午每 15 升水加青霉素、链霉素 80 万单位各 1 支混匀后，分别喷洒辣椒砧木和接穗苗，进行杀菌处理，防止嫁接感病，提高嫁接成活率。嫁接用的刀片要洗干净，不沾土。将砧木从根部保留 1～2 片真叶，用刀片先横切砧木茎，去掉上部，然后在砧木茎中间垂直劈开，向下纵切入 1 厘米深的切口。留的砧木地上部不能超过 3.5 厘米，也不能过矮。过矮砧木老化，不易成活，定植时也容易埋上嫁接伤口，导致再生根扎入土中而染病；过高则嫁接后长势偏弱。随后将接穗苗拔出，从顶部保留 2～3 片真叶，用刀片先横切接穗茎去掉下端半木质化部分，将保留的上端接穗茎削成楔形，楔形大小与砧木接口相当，随即将接穗插入砧木的切口中，切口两端对齐，使其紧密结合后用特制的圆形嫁接夹固定好即可。

42. 辣椒苗嫁接后如何进行管理？

嫁接后，立即将嫁接苗移入小拱棚内，将棚密闭封死。嫁接后 5～7 天是接口的愈合期，这一时期要创造有利于接口愈合的温度、湿度及光照条件，促进接口快速愈合。

(1)**遮光防萎蔫** 嫁接后前 3 天需要全部遮光，在小拱棚外面覆盖草苫等遮光保温，避免阳光直接照射秧苗，引起接穗萎蔫。3 天以后逐渐在早晚放进阳光，逐渐增加光照时间。

(2)**温度管理** 嫁接愈合期需要较高的温度，适宜温度白天为 26℃～30℃，夜间为 18℃～20℃。高于或低于这个温度，均不利于接口愈合，影响成活率。在冬季温度低的季节嫁接，要在大棚内架设小拱棚保温;高温季节嫁接,要采取办法降温,如覆盖多层遮阳网。

(3)**湿度管理** 嫁接后,需要较高的空气湿度,如果嫁接环境内空气相对湿度低,容易引起接穗凋萎,严重影响嫁接成活率。通常要求空气相对湿度保持在95%左右。保持环境湿度的方法,可将嫁接苗放在畦内,营养钵靠紧,畦四边起高垄围上,上插竹拱。在嫁接苗底下浇水,不要从嫁接苗上浇水,防止嫁接口感染,然后用塑料布密封。前4~5天不通风,之后应选择温度、空气相对湿度较高的清晨或傍晚通风,随着嫁接伤口的愈合,逐渐加大通风,每天1~2次,以后逐渐揭开塑料薄膜,增加通风量和时间,每天喷水1~2次,直至完全成活,才能转入正常管理。

(4)**光照管理** 3~4天后随着伤口的愈合,逐渐撤掉覆盖物,增加光照,成活后转入正常管理。遇阴雨天气可不用遮光,注意遮光时间不可过长,否则会影响嫁接苗的生长。

(5)**愈合后的管理** 首先及时摘除砧木萌芽。接口愈合时,经过一段时间的高温、高湿、遮光管理,砧木侧芽生长极其迅速,如果不及时摘除,它很快长成新枝条而直接影响主枝的生长发育,所以要及时、彻底摘除砧木萌芽。以后的管理与普通辣椒育苗相同。

43. 辣椒嫁接苗定植时应注意哪些问题?

辣椒嫁接苗嫁接20~30天即可定植,定植时一定注意覆土不要超过接口处,否则接穗苗长出不定根与土壤接触,就失去嫁接防病的作用。定植时浇透水,定植后前3天中午适当进行遮阴,防止嫁接秧苗萎蔫。定植后嫁接辣椒苗管理应以促为主,不宜进行蹲苗,定植后4~5天浇1次缓苗水,一促到底。生长前期,还应注意及时摘除砧木萌芽,防止其快速生长成新枝条而直接影响主枝的生长发育。其他管理与辣椒常规管理相同。

八、日光温室彩色甜椒栽培关键技术

1. 彩色甜椒保护地生产有哪些栽培茬口?

彩色甜椒由于其外观及食用品质俱佳,深受消费者青睐。目前彩色甜椒作为商品,基本属节日经济型,它一直是作为礼品蔬菜和高档商品出现在市场上。因此,进行彩色甜椒种植可以获得较高的经济效益。彩色甜椒种植时通过采用不同栽培方式和多种茬口安排,既可以保证节日集中上市,又能做到周年供应(表8-1)。

表 8-1　彩色甜椒周年生产模式

栽培茬口及方式	播种期	定植期	收获供应期
秋冬茬日光温室	7月上旬至8月上旬	8月中下旬至9月上中旬	11月至翌年2月
冬春茬日光温室	10月下旬至11月上旬	1月上中旬至2月初	4~7月
春大棚	12月中下旬至翌年1月上旬	3月中下旬	6~8月
秋大棚	6月中下旬	7月下旬至8月初	10~11月
日光温室周年栽培(一年一大茬)	6月	7月	10月至翌年5月
日光温室越冬一大茬	7月中下旬至8月中下旬	8月下旬至9月下旬	12月至翌年6月

根据市场供应和经济效益,主要介绍日光温室冬春茬、秋冬

125

茬、周年栽培一年一大茬几个主要茬口的栽培技术,其他茬口的栽培技术可参见普通辣椒相应茬口的栽培技术。

2. 日光温室冬春茬彩色甜椒栽培技术要点是什么?

日光温室冬春茬彩色甜椒栽培,一般 10 月下旬至 11 月上旬利用日光温室或加温温室进行育苗,1 月上中旬至 2 月上旬定植,五一供应市场,这一茬口栽培技术相对较容易。在品种选择上,应选用黄色椒、紫色椒、奶油色椒、橘红色椒、红色椒等品种搭配种植。如河北省农林科学院经济作物研究所育成的皇冠椒、紫星椒、奶油椒、金太阳椒、红灯笼椒等系列彩色椒品种。

这一茬口的主要栽培管理技术与前述的辣椒日光温室冬春茬栽培技术相似,可参考。

3. 日光温室秋冬茬彩色甜椒栽培技术要点是什么?

日光温室秋冬茬彩色甜椒栽培,一般在 7 月上旬至 8 月上旬采用遮阴、防雨荫棚育苗,8 月中下旬至 9 月上中旬定植于日光温室。供应晚秋、元旦、春节市场,是一年中销售最旺盛的时期。因此,可以说这一茬口是彩色甜椒栽培的主要茬口。但是这一茬彩色甜椒的栽培整个生育期经过了一年中炎热的夏季和最寒冷的冬季,因此对栽培技术要求比较严格。其品种选择可参见彩色甜椒冬春茬日光温室栽培,其主要栽培管理技术与前述的日光温室辣椒秋冬茬栽培技术相似。

4. 彩色甜椒栽培技术与一般辣椒栽培技术有哪些不同之处?

彩色甜椒与一般辣椒栽培技术不同之处有如下几点。

(1)**调整播期** 一般果实需要转色的彩色椒品种比不需转色

的播种期适当提前 25～30 天。如日光温室辣椒秋冬茬栽培果实需要转色的彩色椒在 7 月 1 日至 10 日育苗,8 月中下旬定植,果实不需转色的在 7 月底至 8 月上旬育苗,9 月中下旬定植。

(2)**育苗方式**　由于彩色甜椒种子价格比较昂贵,育苗一般采用穴盘或营养钵,以提高种子的利用率和减少病害传播。

(3)**整枝打杈**　彩色甜椒在种植生产的全生育期中,一定要坚持整枝打杈和疏花疏果,主要整枝打杈方式为两杈整枝、2+1 整枝、3 干整枝、4 干整枝。

(4)**高温雨季管理**　高温季节进行彩色甜椒育苗、种植一定要覆盖遮阳网降温、防雨,防止病毒病的发生。

(5)**开花坐果期管理**　在低温或高温季节要用适宜浓度的"沈农 2 号丰产剂"等促进坐果的生长调节剂蘸花或喷花保果。

(6)**采收**　要在早晨温度比较低的时候进行,采收时要做到轻拿轻放,不伤及果柄和花萼,还要防止扎破或碰伤果实。同时,按果实的大小分级,细心剔除病果、虫果、伤果、烂果。采收后不要立即包装,要将刚采收下来的果实摊放在铺好棚膜的地上使其散发呼吸热。

5. 日光温室一年一大茬彩色甜椒周年栽培技术特点是什么?

日光温室一年一大茬彩色甜椒周年栽培,可以供应"十一"、"元旦"、"春节"、"五一"4 个我国人民比较重视的重大节日。日光温室一年一大茬栽培技术,可参见日光温室越冬一大茬栽培。为此,不再叙述。但其要点表现在以下方面。

(1)**品种选择**　在品种选择上,除应选用黄色椒、紫色椒、奶油色椒、橘红色椒、红色椒等品种搭配种植外,应重点选择植株高大、抗寒、耐低温弱光、抗病能力强、连续坐果性强的国外品种。如桔西亚,方形果,果实由绿转橘红色,抗病毒病;黄欧宝,方形果,果实由绿转黄,抗冷,耐低温,耐阴,在低温下坐果率高;麦考比,长形果,果实由绿转红,早熟(指转色早);白公主,方形果,幼果为白色,成熟果为金黄色,生长势弱,抗寒力中等;紫贵人,方形果,果色为紫色,植株紧凑,但不高大,抗病性中等。

(2)**合理安排育苗期**　一般果实需要转色的彩色椒品种比不需转色的播种期适当提前 25～30 天。

(3)**根据不同品种,合理密植**　彩椒植株高大的,密度应小,如麦考比、黄欧宝、桔西亚 3 个品种,每 667 米² 栽植 2 000 株左右,大行距 70 厘米,小行距 50 厘米;生长势弱的,如白公主和紫贵人,每 667 米² 栽植 2 500 株左右,大行距 70 厘米,小行距 50 厘米,株距 40 厘米。

(4)**重施基肥**　日光温室一年一大茬栽培周年生长和采收。由于生长周期比较长,要求重施基肥,一般每 667 米² 施用优质厩(圈)肥 7 500～10 000 千克、饼肥 150～200 千克、硫酸钾 20～30 千克、磷酸二铵 50～75 千克、尿素 10 千克、生物有机肥(如 EM 菌、CM 菌、毛壳菌、激抗菌、酵母菌等)适量,均匀撒施于地面。并适当施用辣椒所需的钙、镁、硼、锌、铁、铜等中量、微量元素。

(5)**整枝打杈方式有所不同**　一年一大茬生产,为了保证"十一"至"五一"半年的产品供应,整枝打杈要采取两杈整枝方式或 2＋1 整枝方式,同时结合连续性的疏花疏果。

(6)**定植前一定要扣好棚膜**　生长前期(6～9 月份)棚膜上要覆盖遮阳网降温、防雨;中后期(10 月至翌年 6 月)既要强化防寒保温,又要结合通风降温。

(7)**水肥管理要均衡一致**　既要保证氮肥的供应,又要重施磷肥和钾肥,特别是中后期务必追施三元复合肥。

(8)**要及时采收**　防止果实赘秧,影响中上层开花坐果和果实膨大变色。

九、辣椒虫害防治技术

1. 如何防治小地老虎?

小地老虎是危害辣椒的主要地下害虫之一,常在苗期及定植后咬食嫩茎,切断根部,致秧苗死亡,造成缺苗断垄。小地老虎幼虫共有6龄,一般三龄前在地面、杂草或寄主的幼嫩部位取食,危害不大,三龄后白天潜伏在表土中,夜间出来危害,切断根部,致秧苗死亡。成虫对黑光灯及糖、醋、酒等的趋性较强。一至三龄幼虫抗药性差,且暴露在寄主植物或地面上,防治三龄前的幼虫可喷90%敌百虫粉剂800～1000倍液,或50%辛硫磷乳油1000～2000倍液,或20%氰戊・马拉松乳油3000倍液等进行防治。防治三龄以上幼虫,可堆草诱杀幼虫,方法是在田间堆放灰菜、剌儿菜、苦荬菜、小旋花、艾蒿、青蒿、白茅、鹅儿草等杂草,诱集幼虫,或人工捕捉,或在杂草中拌入农药毒杀,或用50%敌敌畏乳剂1000倍液灌根。浇水后幼虫常爬出地面,也可以人工捉拿集中杀死。可利用成虫的趋光性,设置黑光灯或糖醋液诱杀成虫。采用农业措施防治,小地老虎成虫早春在杂草上产卵,应及时清除地块周边的杂草,不给成虫产卵提供场所。如发现已在杂草上产卵,并有一至二龄幼虫,则需要先喷药防治而后清除杂草。

2. 如何防治蛴螬?

蛴螬是危害辣椒的主要地下害虫之一,又称白地蚕,是金龟子的幼虫。蛴螬常在苗期及定植后咬食嫩茎,切断根部,致秧苗死亡,造成缺苗断垄。金龟子成虫对未腐熟的有机质有极强的趋向性,因此使用充分腐熟的肥料,并在使用前过筛,把幼虫拣出。可利用成虫的趋光性,设置黑光灯诱杀。药剂防治时,施肥整地前用90%晶体敌百虫800～1000倍液,或50%辛硫磷乳油1500倍液,在地面普遍喷洒,而后翻入土中。发生危害时,用上述药液灌根,每株250毫升。

3. 如何防治蝼蛄?

蝼蛄是辣椒育苗的主要害虫,它喜欢在晚上活动,以夜间9～11时活动最盛。蝼蛄咬断的幼苗根茎处往往呈丝麻状,这是与蛴螬危害的最大差别。有蝼蛄活动时,常可在地面见到穿成的隧道。它对炒香的豆饼、麦麸及马粪有强烈的趋性。气温13℃～20℃、地温15℃～20℃、土壤相对含水量在20%以上时蝼蛄危害最盛。药剂防治可用毒饵。将谷子煮成半熟,晾至半干后拌药,将90%敌百虫可湿性粉剂稀释成10倍液,1千克秕谷加药液300克拌匀,将毒谷撒在蝼蛄活动的隧道处即可;也可将麦麸、豆饼炒香,将90%敌百虫可湿性粉剂稀释30倍,1千克饵料加药液1～1.5千克拌匀,于傍晚撒在苗床表面。傍晚将80%敌敌畏乳油800～1000倍液地面喷洒,也有较好的诱杀效果。另外,利用蝼蛄趋光性强的习性,可设置黑光灯诱杀成虫。

4. 蚜虫的危害特点及防治方法是什么?

(1)**危害特点** 蚜虫又叫腻虫或蜜虫,是刺吸式口器的害虫。体长1～2毫米,常群集在心叶或叶背面刺吸汁液,分泌蜜露,污染茎叶,诱发煤污病,或在叶上形成褐色斑点,常使叶卷缩、变黄。蚜虫在不利的气候条件下可形成有翅蚜,有翅蚜迁飞后可传播多种病毒病,而这一危害远远大于蚜虫本身。蚜虫繁殖迅速,1年发生10～20代。发生时期以春末夏初和秋季(5～6月份和9～10月份)发生数量最多、危害最重。

（2）**防治特点**　由于蚜虫繁殖快，蔓延迅速，必须及早用药防治，将其消灭在点片阶段。为控制病毒的发生与流行，苗期及时治蚜更为重要。具体措施如下。

①**农业和物理防治**　清洁田园，以减少蚜源；在棚室放风口设防虫网阻止害虫迁入，减少虫源；利用蚜虫对黄色的趋性，在棚室内悬挂黄板诱杀；利用蚜虫对银灰色驱避性，采用银灰膜驱蚜，避免有翅蚜迁入，或在栽培田地面覆盖银灰色地膜，或在苗床及栽培田周围吊挂银灰色膜条或锡箔纸条，可以起到驱避作用。

②**药剂防治**　由于蚜虫多着生在心叶和叶背皱褶处，药剂难以喷洒周到，宜选用具有触杀、内吸、熏蒸三重作用的农药，如10%吡虫啉可湿性粉剂 1000～2000 倍液，或 50%抗蚜威可湿性粉剂 2000～3000 倍液，或 25%噻虫嗪水分散粒剂 5000 倍液，或1.8%阿维菌素乳油 3000 倍液等药剂防治。每 7～8 天喷 1 次，连喷 2～3 次，尤其是在点片发生阶段，应彻底消灭。在保护地可选用 22%敌敌畏烟剂，每 667 米^2 用量 0.5 千克，点燃熏蒸，效果尤佳（省工、省药、高效）。

防治蚜虫时应注意以下问题：一是用药一定要在蚜虫初发阶段；二是菊酯类农药最好一茬期间只用一次，以防继续使用产生抗性；三是各种农药要交替使用。

5. 白粉虱的危害特点及防治方法是什么？

（1）**危害特点**　白粉虱在北方温室里发生严重，一年繁殖 10代，以各种虫态在温室里越冬，并不断危害。成虫群居于嫩叶背面并产卵，成虫和若虫吸食植物汁液，被害叶片褪绿、变黄、萎蔫，甚至全株死亡。白粉虱能分泌大量蜜露，污染叶片和果实引起煤污病，造成减产和降低商品价值。此外，白粉虱还可以传播病毒病。温室白粉虱具有寄主范围广、繁殖快、传播途径多、虫体小、世代重叠、抗药性强的特点,一旦发生不易控制。

(2)**防治方法** 在白粉虱发生初期即每株有成虫 2～3 头时及时用药,尤其掌握在点、片发生阶段及时防治。喷药时间最好在浇水未干时进行,否则由于白粉虱翅膀干燥,便于飞翔,不易喷到虫体上。

①农艺措施 清除棚室和辣椒田周边的杂草,棚室通风口设置 40 目的防虫网,防止外来虫源进入;及时防治棚室以外杂草和作物上的白粉虱,减少虫源基数。

②设置黄板诱杀成虫 因白粉虱对黄色有强烈趋性,在棚室内设置黄板诱杀白粉虱成虫,每 667 米^2 设置 35～40 块黄板,黄板上涂抹一层 10 号机油加少许黄油调匀的混合油,置于行间与植株等高处。一般每 7～10 天重涂 1 次。也可采用工厂化生产好的商品黄板。

③生物防治 在辣椒保护地释放天敌丽蚜小蜂,以控制白粉虱的危害。在白粉虱发生初期释放丽蚜小蜂,丽蚜小蜂与白粉虱的成虫比例为 2～3∶1,每隔 12～14 天释放 1 次,共释放 3～4 次。

④ 药剂喷雾防治 白粉虱发生初期用 10％吡虫啉 2000 倍液,或 25％扑虱灵乳油 1500 倍液喷雾,当虫量较多时可在药液中加入少量拟除虫菊酯类杀虫剂,一般每 5～7 天喷 1 次,连喷 2～3 次。由于同一植株上同时存在卵、若虫、成虫等各种虫态,要一次用药对各虫态都有效,而且药效持续时间长,才能收到较好的防治效果。因此,目前多提倡混合用药。

⑤熏蒸防治 保护地每 667 米^2 可用蚜虱烟剂 350～400 克,或 22％敌敌畏烟剂 500 克闭棚点燃,熏烟后闷棚 1 夜,间隔 5～7 天后再熏蒸,连熏 2～3 次,最好熏蒸后 1～2 天喷雾 1 次。

⑥灌根防治 用 25％噻虫嗪水分散粒剂 16～20 克,对 15 升水,移栽前蘸苗盘或灌根,3 天后定植,防治白粉虱有效期可达 1

个月,并有壮根、健苗、促长的效果。

6. 红蜘蛛的危害特点及防治方法是什么?

(1)危害特点 红蜘蛛又叫火龙、红沙龙、火蜘蛛、红砂,是一种针尖大小、呈锈红色的小蜘蛛,属螨类。它群集叶背,刺吸植物的汁液,被害叶片初呈褪绿小点,以后逐渐变成黄白色乃至红色小点。成虫老熟阶段在叶背布有丝网,严重时全田植株枯黄,带红色,如火烧一般,造成植株早衰或早期落叶。植株下部叶片先受害,以后逐渐向上蔓延,此虫还可以传播病毒。红蜘蛛1年发生10~20代,春天在田边杂草上活动、产卵,4~5月份转入菜地危害。首先在田边点片发生,在叶背面吐丝、结网、产卵。在高温、干旱的条件下繁殖很快,危害严重,一年中以6~7月份发生最重,此时喷药效果好。雨季到来后,数量显著下降。

(2)防治方法

①**农业防治** 早春及早铲除杂草,用来沤肥或烧掉,前茬作物结束后及时清除残枝落叶,以降低虫源。

②**药剂防治** 应注意抓住在点片发生阶段彻底将其消灭,打药后应检查残虫,如有部分残虫仍在活动要连续防治。可用15%哒螨灵乳油3 000倍液,或73%炔螨特乳油1 000倍液,或1.8%阿维菌素乳油1 500~2 000倍液,或2.5%联苯菊酯乳油2 000倍液,或20%氯氰·马拉松乳油2 000倍液,每6~7天喷1次,连喷2~3次,直到彻底消灭为止。注意,农药须交替使用,应重点喷叶背。

7. 茶黄螨的危害特点及防治方法是什么?

(1)危害特点 茶黄螨虫体甚小,肉眼不易觉察,属螨类。苗期和栽培期均可发生危害。茶黄螨多在新叶叶背、嫩茎、花蕾、幼果等处刺吸汁液,受害后嫩叶变小,增厚僵硬,叶背呈黄褐色,并有油浸状光泽,叶缘向背面卷曲,幼茎变成黄褐色;严重者植株矮小,丛生,引起落花落果,形成秃头,果柄及果实亦变黄褐色,失去光泽,果实生长停滞后变硬。温室大棚内从5月下旬开始危害,6月中旬至9月中下旬危害严重;露地栽培的以7~9月份危害严重。温暖多湿的条件有利于茶黄螨发生。

(2)**防治方法** 同红蜘蛛防治方法。

8. 棉铃虫的危害特点及防治方法是什么?

(1)**危害特点** 棉铃虫从形态上可分为成虫、卵、幼虫和蛹4种形态,以幼虫危害辣椒。成熟幼虫体长3~4厘米,头黄褐色,体色变化大,多为绿色、淡绿色、黄白色或淡褐色,体两侧有两条白线,体表布满小刺,小刺长而尖,其底座较大。

初孵幼虫危害嫩叶、嫩茎、花蕾及花,被害部分残留表皮,形成小凹点。二至三龄幼虫吐丝下垂,可随风摆动转株危害。二至三龄后开始蛀入果实内部危害,1头幼虫可危害3~5个果,蛀果后雨水从蛀孔渗入果内可造成腐烂,严重影响辣椒的产量和品质。河北省中南部1年发生4代,第一代幼虫在5月中下旬至6月上旬出现,第二代在6月下旬至7月上旬出现,第三代在7月下旬至8月上旬出现,第四代发生较分散。成虫喜在嫩叶、花蕾、花、果柄处产卵。高温多雨或浇水条件较好时,植株生长茂密,有利于此虫发生发展;干旱年份,尤其是7~8月份雨量少时,发生危害较轻。

(2)**防治方法** 防治上应抓住幼虫蛀入果实之前(三龄之前)的有利时机及时防治,彻底消灭。但三龄以前这个时期短,不易掌握,所以在每代幼虫发生期应经常注意观察辣椒的嫩茎、花蕾、花上是否有棉铃虫存在。幼虫蛀入果实后,因有果皮保护,对防治此虫极为不利。具体防治方法如下。

①翻地灭蛹 冬季深翻土地,冻死部分蛹,可减少虫源。

②**诱杀成虫** 在成虫发生期,利用成虫的趋光性,在田间设置 20 瓦的黑光灯诱杀成虫。或全田喷 0.2％磷酸二氢钾溶液,可起到忌避棉铃虫产卵的作用。

③**药剂防治** 应在卵孵化盛期至三龄以前选用 8 000 单位的苏云金杆菌可湿性粉剂 500～1 000 倍液,或 1.8％阿维菌素乳油 2 000倍液,或 2.5％溴氰菊酯乳油 2 000～3 000 倍液,或 5％高效氯氰菊酯乳油 3 000 倍液,着重喷洒植株上部幼嫩部位,每隔 6～7 天喷洒 1 次,连续喷 3～4 次,交替用药效果更好。

十、辣椒病害防治技术

1. 如何识别和防治辣椒猝倒病?

猝倒病又叫绵腐病、卡脖子,是辣椒苗期的主要病害。

(1)**危害症状** 病苗茎基部呈浅黄绿色的水渍状病斑(似水烫状),并迅速转为黄褐色并缢缩成线状。病害发展迅速,子叶尚未凋萎而仍保持绿色,但幼苗倒伏即猝倒,导致成片死亡。发病严重时,常在幼苗未出土前烂种、烂芽。苗床湿度大时,病部密生白色绵状霉即白色棉絮状菌丝。

(2)**发病条件** 由真菌瓜果腐霉菌引起的土传病害。该菌生活力极强,可在富含有机质的土壤中长期存活。病菌由土壤传播,多借助雨水、灌溉水传播,也可通过种子带菌传播。苗床温度低于15℃,湿度大,光照不足,幼苗长势弱,在幼苗嫩茎尚未木栓化之前是易感病的时期。

(3)**防治方法**

第一,选择地势高燥、排水方便、前茬未种过茄果类蔬菜的地块作苗床。床土充分翻晒、耙平、施用腐熟有机肥;播种前及早扣盖塑料薄膜,以提高地温。采用穴盘草炭育苗可减轻病害发生。

第二,每平方米苗床用50%多菌灵可湿性粉剂8~10克,与少量细土混拌均匀,以1/3量作底土,2/3量作覆土,下垫上盖,将种子夹在药土中间。

第三,加强中耕松土,减少土壤湿度,注意放风。加强苗床保温工作,防止冷风或低温侵袭。发现病株及时拔除并覆盖干土或撒少量草木灰。

第四,药剂防治。用75%百菌清可湿性粉剂600倍液,或

70％代森锰锌可湿性粉剂 400 倍液,或 50％多菌灵可湿性粉剂 600 倍液进行喷洒防治。喷药后床内湿度过大,可以撒施草木灰或细土,以降低湿度。另外,播种后至出苗连喷 3 次高锰酸钾 800～1000倍液,防病效果很好。

2. 如何识别和防治辣椒立枯病?

立枯病俗称死苗、霉根,也是辣椒苗期主要病害。多发生在育苗中后期,严重时可导致成片死亡。

(1)危害症状 患病幼苗茎基部产生椭圆形暗褐色病斑,早期病苗白天萎蔫,夜晚恢复,病斑逐渐凹陷,扩大后绕茎一周,最后病部缢缩干枯使整株死亡。育苗中后期,幼苗茎部已经木栓化,所以发病也不倒伏,幼苗多站立凋枯死亡。病部不长明显的棉絮状物,以此与猝倒病区分。

(2)发病条件 由真菌立枯丝核菌引起的土传病害。病菌以菌丝或菌核在土壤中的病株残体上越冬,在土壤中可以存活多年,腐生性很强。通过伤口或表皮侵入幼茎和根部,还可以通过滴水、流水、雨水、农具及带菌堆肥传播危害。病菌适宜生长温度为12℃～30℃,以 17℃～28℃最适宜,低于 12℃或高于 30℃病菌生长受到抑制。高温、高湿有利于病菌生长。在苗床高温多湿,播种过密,间苗不及时,通风不良或幼苗徒长、苗弱时,立枯病最易发生和蔓延。

(3)防治方法 同猝倒病防治方法。

3. 如何识别和防治辣椒病毒病?

辣椒病毒病全国各地普遍发生,危害极为严重,轻者减产20％～30％,严重时损失 50％～60％,甚至绝收,是辣椒栽培中的重要病害。

(1)危害症状 辣椒病毒病常见有蕨叶、花叶、明脉、矮化、黄化、坏死、顶枯和畸形等症状。主要有4种类型,其表现症状各异。

①坏死型 于现蕾初期发生,嫩尖小叶脱落,有时大量落叶、落花、落果,造成植株光杆。有时用手一摇晃植株,叶、花、果随之脱落,细看顶芽和嫩芽已枯死,叶片主脉呈褐色或黑色坏死,茎上有坏死的褐色条斑,植株矮小,落叶与正常叶无差异。

②花叶型 轻型花叶,初期嫩叶上出现黄绿相间的斑驳,植株无矮小、畸形和落叶症状。重型花叶,除具轻型花叶之症状外,叶面还表现为凹凸不平,凸起部分呈泡状,叶片畸形、皱缩;有时叶片变成线形,边缘向上卷曲,植株生长缓慢,矮化,果小。

③丛枝型 植株矮小,节间变短,叶片狭长,小枝丛生,但不落叶。开花即落,很少结果,或个别结畸形果。

④黄化型 叶片自下而上逐渐变黄,落叶落果。

有时几种症状同在一株上出现,或引起落叶、落花、落果,严重影响辣椒的产量和品质。

(2)发病条件 辣椒病毒病在我国已发现有烟草花叶病毒、黄瓜花叶病毒、马铃薯 Y 病毒、烟草蚀纹病毒、马铃薯 X 病毒、苜蓿花叶病毒、蚕豆萎蔫病毒等 7 种病源。辣椒病毒病传播途径因病原种类不同而异,主要分为虫传和接触传染两大类。可借虫传播的病毒主要有黄瓜花叶病毒、马铃薯 Y 病毒及苜蓿花叶病毒,其发生与蚜虫的发生情况关系密切,特别是遇高温干旱天气,不仅可促进蚜虫传毒,还会降低辣椒的抗病性;烟草花叶病毒靠接触及伤口传播,通过病株残体、种子带毒及整枝打杈等农事操作传染。在田间常复合侵染,高温干燥、重茬地、缺水缺肥、施用未腐熟的有机肥、生长不良、蚜虫多时发病严重。

(3)防治方法

第一,选用抗病毒病的品种和无毒种子。

第二,种子消毒。种子浸泡后,用 10% 磷酸三钠浸泡 20 分钟,或1%高锰酸钾溶液浸泡30分钟,用清水冲洗3~4次后催芽,可消除种皮带的病毒。

第三,实行3年以上轮作。

第四,培育无毒壮苗。用营养钵、穴盘育苗,注意苗期防蚜。喷0.1%硫酸锌+0.2%磷酸二氢钾液1~2次,增加秧苗抗病能力。

第五,定植后覆地膜,加强管理,促早发根发棵,提高植株抗病力。

第六,实行间作。甜椒与高秆作物间作,在高温季节能够起到遮阴、降低温度、减轻病害的作用。

第七,及时除治蚜虫、白粉虱、烟粉虱、螨类等传毒媒介可减少发病。一旦发现有病毒病植株,要立即拔除,及早进行药剂防治。

第八,药剂防治。发病初期可用下列药剂防治:1.5%烷醇·硫酸铜乳剂1000倍液,20%吗胍·乙酸铜可湿性粉剂600倍液加绿芬威1号700~800倍液喷洒,10%宁南霉素水剂600倍液混加20%吗胍·乙酸铜可湿性粉剂600倍液混加0.01%芸薹素内酯乳油6000倍液。上述药剂7~10天喷1次,连喷2~3次,对防治该病均有一定效果。此外,如果在棚室内种植,注意不可在棚室内吸烟,以免传染烟草花叶病毒。

4. 如何识别和防治辣椒疫病?

辣椒疫病是目前生产上发生较严重的毁灭性病害,发病周期短,蔓延速度快,防治困难,毁灭性大,常导致成片死亡,一般减产20%~30%,严重时导致绝收。

(1)**危害症状** 茎、叶、果均可发病。苗期染病幼苗茎基部呈水渍状腐烂,病部暗绿色,后呈猝倒或立枯状死亡。成株期发病,叶片产生暗绿色斑,边缘不明显;潮湿时迅速扩大,使叶片软腐、易脱落,干燥时,病斑停止扩展,表现为淡褐色。果实从蒂部开始,初呈暗绿色水渍状不规则形病斑后软腐,潮湿时长出白霉,干燥后形成暗色僵果,残留在枝上。茎和枝染病多从分枝的枝杈处开始,病斑初为水浸状,后出现环绕表皮扩展的褐色或黑褐色条斑,引起皮层腐烂,病部以上枝叶很快枯萎死亡。茎基部常发生褐色软腐,植株急速凋萎成片死亡。各个部位的病部后期湿度大时都能长出稀薄的白霉。本病主要危害成株,植株急速凋萎死亡,成为毁灭性病害。

(2)发病条件 真菌病害,病原菌为辣椒疫霉菌。病菌主要在土壤中的病株残体上越冬,借助气流、雨水、灌溉水传播。高温高湿有利于病害的发生和流行,病菌在10℃～37℃下均可生长发育,以28℃～30℃且湿度大的条件下,本病发展快,植株从发病到枯死仅需3～5天。气温在20℃～30℃,空气相对湿度在90%以上时,病部往往长出白色霉层。大雨或暴雨后突然天气放晴,土壤积水或大水漫灌,重茬地,都可加重病害的发生和流行。

(3)防治方法

第一,从无病株上采种。

第二,种子消毒。参见第四部分第17题有关内容。

第三,选用无病育苗床或进行育苗床消毒。或采用营养钵或穴盘育苗,减少伤根和病菌侵入机会。

第四,轮作。实行2～3年轮作,最好与十字花科或豆科实行轮作。

第五,采用高垄地膜覆盖栽培,防止大水漫灌,雨后及时排水,防止湿度过大。

第六,加强田间管理,及时排除田间积水,注意棚室放风,避免湿度过大。滴灌可减轻病害发生。

第七,药剂防治。抓住几个关键时期定植前、定植后、发病初期及时施药防治,效果较好。可喷洒75%百菌清可湿性粉剂600倍液,或25%嘧菌酯悬浮剂3000倍液,或58%甲霜灵可湿性粉剂

800 倍液,或 64％噁霜·锰锌可湿性粉剂 500～600 倍液,或 72.2％霜霉威水剂 600～800 倍液,或 60％琥铜·乙膦铝可湿性粉剂 500 倍液等。喷洒时注意植株茎基部和地表,防止初侵染。7 天左右喷 1 次,视病情连续喷 2～3 次。病害流行时,隔期还可缩短,必要时可连续用药 2 次,或采用喷洒与灌根并举。另外,在高温雨季浇水前,可撒施 96％硫酸铜 2～3 千克,防效明显。棚室栽培,也可选用烟熏法或粉尘法防治,在发病初期每 667 米^2 用 45％百菌清烟雾剂 250～300 克,或 5％百菌清粉尘剂 1 千克,隔 7 天左右防治 1 次,连续防治 2～3 次,这样既可防病,又可适当降低室内湿度。

5. 如何识别和防治辣椒青枯病?

辣椒青枯病又叫细菌性枯萎病,在我国发生普遍,来势凶猛。结果初期即成片死亡。严重时发病率可达 80％～100％。

(1)危害症状　发病初期仅个别枝条、叶片萎蔫,后扩展至整株萎蔫下垂,夜间可暂时恢复,以后全株迅速凋萎死亡,叶片不脱落,短期内仍保持绿色。病茎外表症状不明显,纵剖茎部维管束变为褐色,横切面保湿后可见乳白色黏液溢出。

(2)发病条件　细菌性病害。病菌主要随病株残体遗留在土壤中越冬,并可进行腐生生活。病菌多从植株根、茎部的微伤口侵入,一开始即在维管束的木质部潜伏、繁殖,辣椒坐果后,田间高温高湿,雨后骤晴,出现发病高峰。在田间,主要靠雨水和灌溉水传播。

(3)防治方法　由于该病有一定的潜伏期,因此应以预防为主。

①农业防治　措施可参见疫病防治。与疫病不同点是土壤缺钾和酸性土壤易发病,因此整地时应每 667 米^2 施草木灰等碱性肥料 100～150 千克。

②**药剂防治** 可采用 77％氢氧化铜可湿性粉剂 500～800 倍液，或 72％硫酸链霉素可溶性粉剂或 90％新植霉素可溶性粉剂 3 000～4 000 倍液，或 50％琥胶肥酸铜可湿性粉剂 500 倍液，或 14％络氨铜水剂 300 倍液，喷洒或灌根，7～10 天 1 次，连续用药 3～4 次。

6. 如何识别和防治辣椒根腐病？

辣椒的根腐病常造成辣椒死苗，严重的成片死亡，甚至绝收。

(1)**危害症状** 本病多发生在定植后，仅危害茎基部和维管束。染病初期，病株白天萎蔫，傍晚后恢复，数日后整株枯死。病株的根颈部及根部皮层呈现淡褐色至深褐色腐烂，有时可见到粉红色菌丝和点状黏质物。病茎表皮极易剥落，露出暗色的木质部，其内维管束也发生褐变。病部一般仅局限于地面以下的根及根颈部，病株多倒伏而死亡。

(2)**发病条件** 真菌性病害。病菌以厚垣孢子、菌核或菌丝体在病残体和土壤中越冬，尤其是厚垣孢子可在土壤中存活 5～6 年甚至更长，病原菌从根部伤口侵入，后产生分生孢子，借雨水或灌溉水传播，进行再侵染。高温、高湿有利于本病的发生。连作地、低洼地或积水地块发病重。

(3)**防治方法**

第一，种子消毒。消毒方法见本书育苗部分的种子消毒。

第二，轮作倒茬。与豆科、禾本科作物进行 3～5 年的轮作。

第三，选用无病育苗床或进行育苗床消毒，或采用营养钵或穴盘育苗，减少伤根。

第四，科学施肥。用 5406 菌肥作基肥有降低发病的作用。

第五，用 ABT4 号生根粉药液浸泡辣椒苗根部，然后定植。

第六，加强田间管理。采用高垄地膜覆盖栽培，防止大水漫灌，雨后及时排除田间积水，搞好中耕，提高土壤通透性。注意棚室放风,避免湿度过大。

第七,药剂防治。发病初期喷淋或灌根用 50％多菌灵可湿性粉剂 600 倍液,或 40％硫磺·多菌灵悬浮剂 600 倍液,或 70％甲基硫菌灵可湿性粉剂 800～1000 倍液,或 75％敌磺钠可湿性粉剂 800 倍液,灌根每株用药液 0.3～0.5 千克。隔 1 天左右 1 次,连用 2～3 次。

7. 如何识别和防治辣椒黄萎病?

辣椒黄萎病又叫半边疯病、黑心病。一般减产 10％左右,重者减产 30％以上,发生普遍,分布较广。

(1)危害症状 主要发生在生长的中后期。先在中下部叶子上发病,发病初期叶片中午萎蔫,早晚或天气阴凉时尚可恢复,叶尖或叶缘逐渐变黄、后期发干或者变褐、脱落。叶脉间叶肉组织变黄,茎基部导管变褐,并沿主茎向上延至几个侧枝,最后全株萎蔫,叶片枯死脱落。病情发展较慢,植株表现为矮化,生长停滞,严重时全株死亡。

(2)发病条件 真菌性病害。病菌以休眠菌丝、厚垣孢子和微菌核随病残体在土壤中越冬,在土壤中可以存活 6～8 年。借风、雨、流水和人畜及农具传播,从根部伤口或幼根直接侵入,以后蔓延到维管束及枝、叶、果实和种子。因此,带菌土壤是主要病菌来源。

(3)防治方法

第一,从无病株上采种,进行种子消毒。

第二,实行轮作倒茬,尽量不在棉花地上种植。

第三,以预防为主,采用系统的药剂防治方法,主要包括以下几个关键措施:用 50％多菌灵可湿性粉剂 500 倍液浸种 2 小时;搞好苗床消毒;发病初期可用 50％多菌灵可湿性粉剂 400 倍液,或 50％甲基硫菌灵可湿性粉剂 500 倍液喷雾,同时用上述药液灌根。

8. 如何识别和防治辣椒炭疽病？

炭疽病是辣椒常见病害，主要危害辣椒成熟果实和叶片，危害程度因致病菌种类而异，发病严重时可减产20%～30%。

(1)危害症状 该病主要危害果实。由3种真菌侵染所致，症状各异：一是黑色炭疽病。植株叶、果均可受害，以果实为主。当叶片被害时，初为水渍状褪绿斑点，渐成圆形病斑，中央灰白，长有轮纹状排列的黑色小粒点，边缘褐色，感病叶片易脱落；当果实被害时（以红果受害重），病斑长圆形或不规则形、凹陷，呈褐色水渍状，有不规则形隆起，呈轮纹状排列的黑色小粒点，湿度大时，边缘出现浸润圈，干燥时病斑干缩呈羊皮纸状，易破裂。二是黑点炭疽病。果实上病斑大体与前者同，但病斑上着生的黑点大且呈丛毛状，空气湿度大时有黏液从黑点中溢出。三是红色炭疽病。病斑为圆形或椭圆形，水渍状，黄褐色，病斑凹陷，上密生小黑点，排列成轮纹状，潮湿时有淡红色黏液溢出。

(2)发病条件 真菌病害。病原菌为黑刺盘孢菌和辣椒盘长孢菌。病原菌以菌丝体潜伏于种子内部，或以分生孢子附着于种子表面，或在土表和病株残体上越冬。病菌多从寄主伤口侵入，借助风、雨、昆虫等传播。病菌发育温度为12℃～33℃，最适温度为27℃，相对湿度在95%左右病菌侵染力最强。幼果很少发病，成熟果和过熟果易受侵害。高温多雨或高温高湿、排水不良、窝风积水、种植密度过大、氮肥过多以及病毒病、日灼病严重发生时，均易引起和加重炭疽病的发生和流行。

(3)防治方法

第一，必须从无病果上采种。

第二，种子消毒。参见第四部分第17题有关内容。

第三，采用营养钵或育苗盘育苗，防止根系受伤，病菌侵入。

第四,避免与茄科蔬菜连茬,实行 2～3 年轮作。选择排灌良好的壤土、不窝风地块栽培。拉秧时及时处理病株残体。

第五,合理稀植。避免种植过密,棚室注意通风排湿,避免高温高湿环境出现。适当增施磷、钾肥,以增强植株抗病能力。还要避免发生日灼果。

第六,药剂防治。发病初期喷洒 70%甲基硫菌灵可湿性粉剂 500～600 倍液,或 50%多菌灵可湿性粉剂 400 倍液,或 75%百菌清可湿性粉剂 500～600 倍液,或 70%代森锰锌可湿性粉剂 400 倍液,或 77%氢氧化铜可湿性粉剂 500～800 倍液。隔 5～7 天喷 1 次,连喷 2～3 次。

9. 如何识别和防治辣椒褐斑病?

(1)**危害症状**　辣椒褐斑病又叫斑点病,主要危害辣椒叶片,在叶片上形成圆形或椭圆形隆起病斑,初为褐色,后渐变为灰褐色,表面稍隆起,病斑周围有黄色晕圈,病斑中央有 1 个浅灰色中心,四周黑褐色,严重时病叶变黄脱落。茎部染病时的症状也类似。

(2)**发病条件**　属真菌性病害。病菌可在种子上携带,也可以菌丝块在病残体上或以菌丝在病叶上越冬。高温高湿持续时间长,有利于本病的蔓延。

(3)**防治方法**

第一,采收后及时清洁田园,彻底清除病残体,集中烧毁。

第二,种子消毒。参见第四部分第 17 题有关内容。

第三,与其他种类蔬菜实行隔年轮作。

第四,药剂防治。可以参照辣椒炭疽病的防治方法。

10. 如何识别和防治辣椒灰霉病?

辣椒灰霉病是冬季棚室辣椒防治的重点,因为深冬低温高湿、光照弱,灰霉病很容易发生蔓延,造成严重损失。

(1)**危害症状**　苗期、成株期均可发病,叶、茎、枝、花器、果实均可染病。幼苗染病,子叶先端枯死,后扩展到幼茎,幼茎缢缩变细,易自病部折断枯死;发病重的幼苗成片死亡;后期叶片或茎部均可长出灰霉,致病部腐烂。成株染病,叶片染病,叶缘处先形成水渍状大斑,病部腐烂或长出灰色霉;茎、枝上染病初为水渍状不规则形病斑,后变灰白或褐色,病斑以上枝叶萎蔫死亡,病部表面上密生灰色霉层。果实发病多由花器侵入,青果染病,近果蒂、果柄或果脐处首先出现症状,病变部果皮灰白色水渍状软腐,病斑上易产生致密灰褐色霉层,引起花和幼果腐烂。

(2)**发病条件**　真菌性病害。病菌以菌丝、分生孢子和菌核在病残体上、土壤中或地表越冬、越夏,借气流、雨水或田间操作传播。病菌发生的最适温度为18℃～23℃,26℃以上的气温不利病害发展。病菌的侵染需要较高湿度,空气相对湿度90%以上发病最重。低温高湿环境是灰霉病流行的主要原因。温室大棚持续的高湿是造成本病发生和蔓延的主导因素,尤其在连阴雨雪雾天,气温偏低,或在阴天浇水,灰霉病出现发病高峰。连作地、植株密度较大、田间郁闭、通风不良、植株徒长、光照不足等均可加重病害。光照充足时对本病的扩展有很强的抑制作用。

(3)**防治方法**　通常采用喷药、熏蒸、蘸花和降湿升温等综合防治措施。

第一,搞好棚室放风,降低湿度,特别是要防止叶面结露,但以棚室温度上升到31℃～33℃再通风为好,因高温可抑制灰霉孢子的产生。

第二,采用地膜覆盖、膜下浇水、滴灌可减轻发病。要看天浇水,以晴天浇水为好,特别要避免浇后遭遇连阴雾天。

第三,合理稀植,严防茎叶徒长造成田间郁闭。

第四,发病后及时摘除病果、病叶和侧枝,集中烧毁或深埋。

第五，药剂熏蒸。为降低湿度，建议采用烟雾剂进行熏治。在连阴天或湿度较大时或发病期，每 667 米² 用 15％腐霉利烟雾剂 200 克熏烟，或用 45％百菌清烟剂 250 克，每隔 7～10 天 1 次，连续防治 2～3 次。

第六，药剂防治。发病初期喷药应重点喷好花、果部分，因为灰霉病先侵染花瓣，然后到达萼片和果实，继而扩散危害枝叶等部分，所以要重点喷好花、果。发病时喷洒的药剂有 40％嘧霉胺悬浮剂 1000 倍液，或 50％乙烯菌核利干悬浮剂 1000 倍液，或 16％己唑·腐霉利悬浮剂 600 倍液，或 50％异菌脲可湿性粉剂 1000～1500 倍液，或 2.5％咯菌腈悬浮剂 600 倍液，或 50％腐霉利可湿性粉剂 1500～3000 倍液等交替使用，隔 7～10 天 1 次，连用 2～3 次。蘸花是在灰霉病发生严重时或喷药效果欠佳时的有效措施。在花期，在水中或蘸花药剂中加入 0.1％的 50％腐霉利可湿性粉剂，或每 2～3 升水中加入 2.5％咯菌腈悬浮剂 10 毫升混合均匀，用毛笔涂抹花柄或用药液蘸花防止灰霉病发生。已发生灰霉病可用 2.5％咯菌腈悬浮剂 400 倍液，或 50％腐霉利可湿性粉剂 500 倍液，把花及幼果蘸湿，能阻止已腐烂的花瓣向果实发展，其效果较好。

11. 如何识别和防治辣椒菌核病？

辣椒菌核病主要在保护地发生，露地栽培一般很少发生。尤其冬季棚室辣椒，处于低温高湿、光照弱的环境条件，菌核病很容易发生蔓延，造成严重损失，应重点防治。

(1) **危害症状**　辣椒的幼苗、植株的茎、叶、花、果均能发病。苗期染病，茎基部初呈水渍状浅褐色斑，后变棕褐色，迅速扩展绕茎一周。湿度大时长出白色棉絮状菌丝或软腐，但不产生臭味；干燥后呈灰白色，上生黑色鼠粪状菌核，病苗呈立枯状死亡。成株染病主要危害茎基部和分杈处，一般发生在距地面 5～22 厘米茎部或茎的分权处,开始产生水渍状浅褐色不规则形病斑,病斑绕茎一周后再向上、向下扩展。湿度大时,病部表面生有白色棉絮状菌丝,而后茎部皮层霉烂,髓部成为空腔,病茎表面或髓部形成黑色大小不等的菌核,菌核鼠粪状,圆形或不规则形;干燥时,植株表皮破裂,纤维束外露似麻状,引起落叶、枯萎、死亡。花、叶、果柄染病呈水渍状软腐,致使脱落。果实染病,果面先变褐色,而后呈水渍状腐烂,逐渐向全果扩展。有的先从脐部开始向果蒂扩展致使整果腐烂,表面长出白色菌丝体,后形成黑色不规则的菌核,无臭味。

(2)**发病条件** 真菌性病害。病菌主要以菌核遗落在土中,或混杂在种子中越夏或越冬,翌年温湿度适宜时,借气流传播到植株上进行初侵染。田间再侵染主要通过病、健株或病、健花果的接触,也可通过田间染病杂草与健株接触传染。适宜发病的温度为15℃～22℃,适宜发病的相对湿度达到85％以上,即低温高湿有利于病害的发生和流行。

(3)**防治方法**

第一,采收后及时清洁田园,彻底清除病残体,集中烧毁。

第二,种子消毒。参见第四部分第17题有关内容。

第三,与其他种类蔬菜实行轮作。

第四,搞好床土消毒。每平方米用25％多菌灵可湿性粉剂10克,拌细土1千克,均匀撒到地表,翻入土中;或每平方米用40％甲醛20～30毫升,加水2.5～3千克,均匀喷洒到地面,充分搅拌均匀,堆置起来,用潮湿的草苫或薄膜覆严闷2～3天,充分杀灭土壤中病原菌,而后揭除覆盖物,将土摊开晾晒15～20天,充分散尽土中的药气再播种或定植。

第五,覆盖地膜,防止菌核萌发出土。

第六,及时拔除病株,注意棚室通风,防止湿度过大。

第七,药剂防治。参见灰霉病的药剂熏蒸和药剂防治方法。

12. 如何识别和防治辣椒白粉病?

白粉病主要危害辣椒的叶片,新叶、老叶均能发病,是引起辣椒落叶的一个重要病害。近年来全国各地均有发生。

(1)危害症状 发病初期,可先在叶片正面产生褪绿的小黄斑点,逐渐发展成为边缘不明显的较大块的淡黄色病斑,并在叶片背面产生很薄的一层白色粉状物,即病菌的分生孢子梗和分生孢子;严重时整个辣椒叶片全部染病,白粉迅速增加,布满全部叶片,病叶发黄,大量落叶,着生的果实不易膨大,严重影响产量和品质。

(2)发病条件 由子囊菌亚门内丝白粉菌属的真菌侵染引起。病菌随病叶在地表和土壤中越冬。分生孢子在10℃~35℃条件下均可萌发,气温低于30℃最适合侵染。分生孢子在田间主要靠气流传播扩散,它的萌发需在水滴内进行,但病害流行在较干燥的环境下(空气相对湿度低于60%)发展较快。分生孢子一旦侵入,气温高于30℃时可加速症状的出现;昼夜温差大时,有利于白粉病的发生和蔓延。保护地栽培的辣椒在夏秋季天气干旱而灌水过少的情况下较易发病。

(3)防治方法

第一,深翻土地,冬季晒垡,减少病原菌。

第二,加强田间管理。田间保持适宜的空气湿度,防止土壤干旱和空气干燥。

第三,药剂防治。发病初期可喷15%三唑酮乳油800~1000倍液,或50%硫磺悬浮剂300倍液,或70%甲基硫菌灵可湿性粉剂1000倍液,或75%百菌清可湿性粉剂500倍液,每7天左右喷1次,连续喷2~3次。白粉病菌易产生抗药性,化学药剂防治时最好不同药剂交替使用。

13. 如何识别和防治辣椒疮痂病?

疮痂病又称细菌性斑点病,7~9月份高温多雨季节发病较重。常引起早期大量落叶、落花、落果。

(1)**危害症状** 主要危害叶和茎,有时也危害果实。叶上发病,出现水渍状黄绿色小斑点,后呈不规则形,边缘隆起、暗褐色,中间凹下、淡褐色,表面粗糙的疮痂状病斑。受害叶的叶缘、叶尖变黄,病斑穿孔,干枯脱落。若病斑沿叶脉发生,叶易呈畸形。茎上病斑木栓化隆起,呈纵裂条样疮痂状。果实上病斑初呈小黑点,后变为隆起的圆形或长圆形黑色的疮痂状。潮湿时,疮痂中间有菌液溢出。

(2)**传播途径及发病规律** 细菌性病害。病菌主要附着在种子上或随病株残体在田间越冬,借灌溉水、风雨或昆虫传播,从寄主气孔和伤口侵入。病菌适宜温度为27℃左右,在高温多雨季节或高温高湿时蔓延迅速。排水不良、窝风、缺肥、生长不良时,病害发生重。

(3)**防治方法** 除采用无病种子,播种育苗和实行轮作外,与炭疽病防治方法不同之处有以下两点。

①种子消毒 除用温汤浸种和硫酸铜溶液处理种子外,还可用1:10的硫酸链霉素溶液浸种30分钟。

②药剂防治。发病初期可喷72%硫酸链霉素可溶性粉剂3 000~4 000倍液,或90%新植霉素可溶性粉剂4 000~5 000倍液,或50%琥胶肥酸铜可湿性粉剂500倍液,或77%氢氧化铜可湿性粉剂500~800倍液进行药剂防治。每7~8天喷1次,连续喷治2~3次

14. 如何识别和防治辣椒细菌性叶斑病?

细菌性叶斑病主要危害叶片,引起落叶、早衰,减产严重。由

于易与疮痂病混淆,常被忽视。

(1)**危害症状** 主要危害叶片。发病初呈黄绿色不规则水浸状小斑点,扩大后变为红褐色或深褐色至铁锈色,病斑膜质,大小不等。干燥时,病斑多呈红褐色。该病一旦侵染,扩展速度很快,一株上个别叶片或多数叶片发病时,植株仍可生长,严重时叶片大量脱落。细菌性叶斑病病健交界处明显,但不隆起,是与疮痂病的主要区别点。

(2)**发病条件** 属细菌性病害。病菌可在种子及病残体上越冬,在田间借风雨或灌溉水传播,从辣椒叶片伤口处侵入。与辣椒、甜菜、白菜等十字花科蔬菜连作时发病重,病菌生长发育适温为25℃~28℃,高温、高湿时蔓延快,排水不良、瘠薄缺肥地病害严重。雨后易见到该病迅速扩展。日光温室辣椒栽培若遇高温、高湿易导致细菌性叶斑病的发生,使辣椒大量落叶、落花、落果,对产量影响很大。

(3)**防治方法**

第一,种子消毒。用55℃温水浸种或用1:10硫酸链霉素浸种30分钟。

第二,实行合理轮作。与非茄科和十字花科蔬菜实行2~3年轮作。

第三,前茬蔬菜收获后及时彻底地清除病株残体,结合深耕、晒垡,促使病菌残留体腐解,加速病菌死亡。

第四,宜采用垄作,雨后及时排水,避免大水漫灌,防止田间积水。

第五,药剂防治。可参照辣椒疮痂病。

15. 如何识别和防治辣椒软腐病?

软腐病是由欧氏杆菌属细菌侵染引起的,与番茄、甘蓝、大白菜等30余种蔬菜软腐病同属一个病原。夏秋季普遍发生,常影响产量和品质。

(1)**危害症状** 此病仅危害果实。果实发病后,初期呈水渍状暗绿色病斑,病果腐烂发臭,脱落或留在枝上,失水干枯后呈白色。

(2)**发病条件** 细菌在病株残体上越冬,借助雨水飞溅或昆虫传播,病菌从伤口侵入。发病适温26℃~35℃,在7~9月份阴雨闷热天气下易发病。棉铃虫、烟青虫危害严重时此病也发生严重。

(3)**防治方法**

第一,及时防治蛀果害虫,减少伤口是减轻此病的有效方法。

第二,土壤要翻耕晒垡,生育期要及时排水。

第三,及时清除病果,减少病源。

第四,药剂防治。应在果实发病前用药,果实感病后再喷药作用不大。用72%硫酸链霉素可溶性粉剂3 000~4 000倍液,或90%新植霉素可溶性粉剂4 000~5 000倍液,或50%琥胶肥酸铜可湿性粉剂500倍液,或77%氢氧化铜可湿性粉剂500~800倍液,或14%络氨铜水剂300倍液喷雾预防效果好,每7~10天喷1次,连喷2~3次。

16. 使用化学药剂防治辣椒病虫害应注意哪些事项?

(1)**交替用药** 防治某一种病虫害,如经常使用单一药剂,则病虫易产生抗药性,因此防治效果会显著降低,轮换使用不同药剂,可以减轻病虫的抗药性。

(2)**混合用药** 在辣椒上同时有几种病虫危害时,为了节省人力物力,可以采用农药混喷的方法防治,用1次药可兼治2种以上病虫。在农药混用时必须注意以下几点:一是酸性农药和碱性农药不能混用。否则由于酸碱中和作用而导致降低药效。二是计算好药液的浓度。例如,要想将溴氰菊酯2 000倍液、多菌灵500倍液混喷,则在50升水内,分别加入25克溴氰菊酯和100克多菌灵,混合均匀后即可兼治蚜虫、棉铃虫和炭疽病。如果将上述混用药物各自配好浓度再混合,这样实际上大大降低了每种药液的使用浓度,因此不能起到多种防治作用。三是在农药混合使用时,应随用随配,配好的药液不能放置过久,否则药效降低或失效。

(3)**喷药时间** 喷粉要在早晨有露水时进行,这样易粘着药粉,效果好;喷雾应在露水下去后进行,以免药液过稀而降低药效。夏季炎热的中午禁止喷药,以防操作人员中毒和发生药害。

(4)**雨后补喷** 喷药后4小时之内降雨,雨后应及时补喷1次。

(5)**喷洒技巧** 喷药必须周到彻底,不漏一株一叶,叶背栖息病原、虫害的要特别注意喷洒叶片背面,在新叶栖息的应重点喷洒新叶,以便尽快杀死病菌和害虫。

17. 如何识别和防治辣椒日灼病?

(1)**危害症状** 果实的向阳面被阳光灼烧,引起果实表皮细胞水分代谢失调,发生灼伤,先是褪绿,变成黄白色,病斑表皮失水变薄,坏死,易破裂。

(2)**发生原因** 日灼病是辣椒常见的生理病害。夏季高温期、连阴天后暴晴或雨后暴晴以及由于叶片遮阴面积过小,使果实暴露在阳光下,直射果面上,果实局部过分受热、水分失调、表皮细胞被灼伤所致。在定植密度小、植株营养生长弱、土壤缺水、天气过度干热、雨后暴晴、土壤黏重、植株因水分蒸腾不平衡等情况下均可引起日灼。

(3)**防治方法**

第一,培育壮苗,合理密植。覆盖地膜,促进早发秧,力争炎夏来临前植株能封垄,使果实有枝叶层覆盖,减少阳光直射果实。

第二,适度培土,防止倒伏。

第三,雨后及时排水,恢复根系吸水能力。

第四,合理灌水。结果盛期以后,应小水勤灌,以上午浇水为宜,避免下午浇水。特别是黏性土壤,应防止浇水过多而造成缺氧性干旱。

第五,越夏栽培时,使用黑色遮阳网,以减弱强光直射果实。

18. 如何识别和防治辣椒脐腐病?

(1)**危害症状**　脐腐病俗称黑膏药。在辣椒果实脐部附近发生,病部果实表皮发黑,逐渐形成水渍状病斑,变褐,病斑中部呈革质化。尖椒多发生在脐下部,致使果实弯曲。后期染病部位常被杂菌寄生,也可腐烂,失去食用价值。有的果实在病健交界处开始变红,提前成熟。

(2)**发生原因**　该病为生理性病害,多因缺钙及水分供应失常造成。土壤中钙素含量不足,定植时有机肥不足,同时未施钙肥,生长期偏施氮肥,导致生长后期从土壤中吸收的钙素不能满足果实发育的需要。高温、干燥、多肥、多钾等原因,均会使钙的吸收受到抑制,产生脐腐果。结果期,果实迅速膨大需要大量的水分和养分,土壤水分经常处于激烈的变动状态,使水分和养分的供应失调致使果实脐部周围细胞生理紊乱,组织发生病变。这是初夏辣椒发生大量脐腐果的主要原因。

(3)**防治方法**

第一,多施有机肥,使钙处于容易被吸收的状态。

第二,地膜覆盖,可保持土壤水分相对稳定,并可减少多次浇水引起钙的淋失。

第三,植株不要留果过多,避免果实之间对钙的竞争。

第四,果实膨大期为防止土壤温度过高,可在地面铺麦秸、稻草或覆盖塑料薄膜。

第五,进入结果期,每 7 天喷 1 次 0.1%～0.3%氯化钙或硝酸钙溶液,连喷 2～3 次;也可连续喷施绿芬威 3 号等含钙叶面肥。

19. 如何识别和防治辣椒畸形果?

(1)**危害症状** 辣椒畸形果是指果形与正常果形不同的果实。主要表现为果实生长不正常,如长得像柿饼或蟠桃,或果实呈扁圆形或呈无规则形状,扭曲果、皱缩果、僵果等,果实里面几乎无种子,或种子发育不良。畸形果是种植辣椒过程中发生较多的问题之一。

(2)**发生原因** 畸形果是一种生理病害,发生的原因是多方面的。一是受精不完全。辣椒花粉萌发的适温是 $20℃\sim30℃$,高于 $35℃$ 或低于 $13℃$ 时花粉发芽率降低,不能进行正常受精,出现单性结实结出僵果,容易产生畸形果。二是由于辣椒在花芽分化时遇上恶劣的天气条件,如温度过高或过低,辣椒的花芽分化不良,形成短柱花,造成授粉受精不良,容易出现落花、落果、单性结实和变形果。三是光照不良,肥水不足,果实得到的养分少或不均匀时,也容易产生畸形果。四是辣椒的果实膨大先是纵向伸长,然后是横向,当根系发育不好,或者受伤时,辣椒地上部和地下部的平衡遭到破坏,容易出现先端发尖的尖形果。一般来说,越冬种植的甜椒,如果种植过早,秋季坐不住果的情况较多,冬季及春季出现畸形果的概率较大。

(3)**预防方法** 目前对防止畸形果还没有理想的办法,但采取预防措施,可明显减少辣椒畸形果的出现。其预防方法如下。

①**注意温度控制** 秋季在辣椒开花坐果时,温度不宜过高,如果大棚内的温度超过 $35℃$ 或 $32℃$ 连续 2 小时以上,辣椒就会出现授粉或受精不良的情况;冬春季要注意避免大棚内的气温及地温过低,而出现授粉或受精不良,影响辣椒坐果。冲施沃达丰菌生态复合肥及丰产宝等生物肥,可促进春节前后辣椒正常坐果。

②**注意补肥** 辣椒缺乏硼、钙等元素会导致畸形果,因此要经常注意喷洒含有硼、钙等元素的叶面肥或营养平衡剂,如叶面喷洒

绿芬威 3 号以及硼酸或硼砂等。减少氮肥的施用量,增加钾肥,如磷酸二氢钾、硫酸钾等的施用量以利于坐果。

③注意控制植株长势　植株生长过旺,出现畸形果的概率会增大,可通过喷洒生长调节剂或进行整枝打杈等方式保证辣椒果实的正常生长。

20. 如何识别和防治辣椒土壤元素缺乏症?

在辣椒栽培中,由于土壤环境不良,造成某些元素缺乏,有时往往几种元素缺乏的并发症同时出现。故准确地判断是相当不容易的,但若认真寻找典型症状或在综合症状内寻找典型斑块,也可以大体上判断出是哪种类型的缺素病害。为便于土壤元素缺乏的营养诊断,把常见的几种元素缺乏症症状及防治方法列表如下(表10-1)。

表 10-1　土壤元素缺乏症症状及防治方法

缺乏的元素	症　状	防治方法
氮	生长不良,植株矮小,叶色发黄,越是老龄叶黄化越重,严重时叶片脱落	及时追施氮肥或于叶面喷施 0.1%尿素溶液
磷	植株矮小,叶片变小,下部叶片变成紫色而脱落;茎细长,富含纤维素;花小质差,落花落果严重;侧根伸展不良	及时追施磷肥或于叶面喷施 0.2%磷酸二氢钾溶液
钾	全株暗绿色,下部叶片的先端和叶缘变黄,有小黄斑块并渐向主脉发展;严重时叶片脱落,果实小,种子不饱满,根系发育不良、细弱	及时追施钾肥或于叶面喷施 0.2%磷酸二氢钾溶液

续表 10-1

缺乏的元素	症　状	防治方法
锌	新叶发生黄斑,小叶呈丛生状,黄斑逐渐扩大至全叶,易落花落果	叶面喷洒 0.1％硫酸锌溶液
硼	新叶和顶芽黄化、凋萎;顶端茎及叶柄变脆,折断后可见中心部变黑,茎叶易折断,落花落果严重	及时浇水,叶面喷施 0.1％硼酸溶液或 0.2％的硼砂溶液;或每 667 米² 施硼砂 0.5～2 千克作基肥
铁	顶芽和新叶呈黄白色,仅于叶脉残留绿色;下部老叶很少发病,没有环死的褐斑	叶面喷施 0.05％～0.1％硫酸亚铁溶液
锰	新叶的叶脉间呈黄绿色,沿叶脉处残留绿色,黄化部分一般不变褐	叶面喷撒 0.05％硫酸锰溶液
镁	果实开始膨大时,下部叶近果实处叶片先发生叶脉间黄化,随后向叶缘叶肉发展,但也有叶缘呈绿色,而叶肉黄化的现象;严重时果实以下叶片全部黄化、变褐色,坏死而脱落,影响光合作用	叶面喷施 0.05％硫酸镁溶液,或每 667 米² 施硫酸镁等镁肥 10～20 千克。适当控制氮、钾肥施用量

21. 如何识别和防治辣椒沤根?

(1)**危害症状**　辣椒沤根发生在苗期和成株期。发生沤根的植株白天萎蔫,夜间恢复,容易拔出,根部没有新根和不定根,根皮发锈,须根和主根部分或全部变褐乃至腐烂。小苗萎缩不长,成株毫无生气,开花结果部位明显上移。

(2)**发生原因** 辣椒为喜温作物,遇持续低温造成辣椒根系受害,导致沤根。辣椒的生育适温是 20℃～30℃,地温 25℃左右。随着温度降低生长越来越差,温度低于 18℃生理功能下降,生长不良,到 8℃时根系停止生长,不能增生新根。遇有低温持续时间长,连阴雾天又光照不足,此时若土壤水分大,易发生沤根。根系受到伤害,生理功能下降或者丧失。棚室冬春茬、春提早茬定植浇水后遭遇连阴雾天,或者浇用带冰碴的水时,露地早春茬定植过早浇水又过大时,过低的地温加上土壤湿度大,都可能引起沤根。秧苗定植后连续阴天,气温较低,同时地温低于正常生长发育的温度,也可能引起沤根。

(3)**预防方法**

第一,冬春保护地定植要选择晴天,且定植后有连续几个晴天,避免栽后遭遇连阴雾天。如遭遇连阴天时,要只栽苗不浇水,或穴浇小水,水稳苗,等到天气转好后再浇水。浇水最好用深机井水,切不要用带冰碴的水。

第二,露地春茬和早春茬一定要科学地确定适宜定植期。

第三,越冬一大茬必须选用冬用型日光温室栽培,越冬期间要特别注意加强保温。

第四,发生沤根时,待天气转好后,首先要普遍分株灌用萘乙酸 5 毫克/千克与 1.8%复硝酚钠水剂 3 000 倍液的混合液。密闭棚室尽量提高温度,以高气温促地温。

22. 如何识别和防治辣椒低温冷害与冻害?

辣椒生育的临界温度是在 8℃～13℃之间,地温 18℃以下时根的生理功能开始下降,8℃以下时根停止生长。当辣椒所处的环境温度低于辣椒生长的温度下限时,就会产生冷害和冻害。

(1)危害症状和发生原因

①冷害 植株遇有 5℃ 以下到 0℃ 以上低温时,就要发生冷害。如果在幼苗子叶期受害,子叶叶缘失绿,有镶白边现象,温度恢复正常不会影响真叶的正常生长。秧苗出现冷害时,叶尖和叶缘出现水渍状斑块,叶组织变为褐色或深褐色,后呈现青枯状。在持续低温下,辣椒抵抗力减弱,容易发生低温型病害,或产生花青素,导致落叶。开花期如遇低温天气,会造成落花落果,即使有些植株虽然可以结果,但多数都长成畸形果,降低了商品价值。

②冻害 辣椒遇有 0℃ 以下低温时,就要发生冻害。植株受冻主要表现如下。

第一,幼苗尚未出土,在地下就全部被冻死。

第二,秧苗顶芽生长点或大部分嫩叶受冻,叶片萎蔫或干枯,生长点受害这是较严重的冻害。天气转暖后植株如果不能恢复正常生长,必须另行补苗。

第三,植株生育后期、果实在秧上保鲜期间或者运输期间受冻,开始并不表现出症状,但当温度上升到 0℃ 以上时,症状开始显露,初为水渍状,软化,果皮失水皱缩,果面出现凹陷斑,持续一段时间后即发生腐烂。

(2)防治方法

第一,选用耐寒耐低温的优良品种。

第二,苗期进行低温锻炼。这种锻炼在种子催芽期间就应开始。一种方法是始温应稍低一些,逐渐提高到辣椒种子的发芽适温,到幼芽萌发后再降温,处理后的种子出芽粗壮,出苗整齐,根系发达,茎秆粗壮,耐寒性强。要有意识地降低管理温度,使植株受到低温锻炼。一般辣椒白天温度不要超过 25℃,夜间为 10℃,大温差育苗可提高秧苗的抗逆性。在分苗和定植前 2 天开始对苗床加强通风,对秧苗进行低温锻炼。

第三,选择定植时间。冬春季选择阴冷天气刚过、晴暖天气刚开始时进行定植,以利于定植后经过几个好天就能迅速缓苗,可提高抗逆性。

第四,育苗和棚室生产要选择性能好的设施,并注意加强保温,必要时要进行人工补温。在室外设置稻草或草苫等进行防寒,在室内设天幕,扣小拱棚,地膜覆盖,以及在后墙挂反光幕;加厚墙体,特别是后坡;棚前挖防寒沟;通过挖掘棚土筑墙,形成半地下式栽培方式;大棚草苫外覆盖塑料薄膜,既保温又防止雨雪浸湿草苫。

23. 种植辣椒可选用哪些除草剂?

化学除草剂是一类特殊的制剂,其适用作物及杀草范围有很强的选择性,使用时应严格选择,防止错用或误用造成毁灭性危害。

定植前,整地时可使用芽前除草剂,如氟乐灵是一种芽前除草剂,在整地时杂草未发芽前使用效果好,杂草长出后使用效果很差。对1年生禾本科杂草,如马唐、狗尾草等,防效在95%以上,对阔叶杂草防治效果较差。一般在定植田移栽苗前使用,直播田在播种前进行土壤处理,每667米^{2}用48%氟乐灵乳油100~150毫升,对水施用,均匀喷洒地表,不能漏喷、重喷,因氟乐灵见光易分解,喷后立即浅耙土壤,使药、土充分混合,在地表形成一层均匀的药膜,然后覆盖地膜,准备定植。定植田移栽苗前也可使用48%仲丁灵乳油,每667米^{2}用200毫升喷洒地表,与土混匀,然后覆盖地膜。

对未喷除草剂的辣椒地块,生长期间发生杂草危害的,可用烯禾啶乳油防治1年生禾本科杂草,用药量:2~3叶期杂草每667米^{2}用20%烯禾啶乳油65毫升;4~5叶期用100毫升;对水50升喷雾,对1年生禾本科杂草有较好的防效,对辣椒安全性好。一般杂草受药后 3 天停止生长,7 天叶片褪色,2～3 周内全株枯死。

　　需要注意的是,施药应选早、晚气温低时进行,中午气温高时应停止施药。大风天不要施药,施药时风速不要超过每秒 5 米。施药前要注意天气预报,施药后需间隔 2～3 小时降雨才不影响药效。喷过除草剂的药械必须用热碱水反复清洗,以防残存药剂对其他作物造成危害。

十一、辣椒贮藏保鲜技术

1. 辣椒贮藏特性是什么？

辣椒原产于南美热带地区，对低温敏感，不耐低温，一般贮藏温度为7℃～9℃，低于6℃时间稍长就容易引起冷害。甜椒适宜的贮藏温度略高于辣椒为9℃～11℃，低于9℃易发生冷害。发生冷害后，果实的萼片及种子褐变，表面出现水浸状凹陷斑，严重时果皮颜色变得深绿，甚至发生腐败。贮藏温度过高辣椒衰老快，会迅速转红，影响贮藏品质。辣椒果实内部是空腔，易失水萎蔫而变软，贮藏中应保持较高的相对湿度，控制在90%～95%为宜。辣椒对二氧化碳气体较敏感，浓度过高(2%以上)会导致生理失调，果实表面出现白色斑点，逐渐变为棕褐色而失去商品价值。辣椒在成熟过程中有乙烯产生，控制适当的环境条件抑制乙烯的产生就能抑制后熟过程，所以贮藏环境要有较好的通风条件。贮藏环境中病菌会造成果实腐烂，在贮藏前，贮藏场所要彻底清扫，尤其是贮藏过蔬菜或水果的老库房，要进行药剂消毒。不同品种耐贮运性不同，一般水分含量高、皮薄、空腔大的品种不耐贮运；肉厚、皮厚、蜡质含量高、水分含量中等、空腔小的品种耐贮运。应选择耐贮运的品种。一般皮色黑绿、皮厚、辣味足的晚熟品种较耐贮藏，其抗病性强、水分散失少。

2. 辣椒贮藏对采收有什么要求？

确定要进行贮藏的辣椒，栽培过程中注意多施有机肥，还应适当施用磷、钾肥。应避免过多施用氮肥，用氮肥催出的果实干物质含量低,水分含量高,不耐贮藏。采收之前 5～7 天停止灌水,含水量大的果实不耐贮藏。如遇雨,则需在雨停后 2～3 天果实干爽后再采收,否则果实带水珠采收,在贮运过程中容易发病而烂果。为减少田间果实发病率和烂果率,采收前 10～15 天选择晴天喷 1 次广谱杀菌剂,如 70%甲基硫菌灵可湿性粉剂 1000 倍液,或 70%代森锰锌可湿性粉剂 400 倍液等,以尽可能消除从田间带来的病菌,防止果实腐烂。

以绿色出售的甜椒和微辣型辣椒进行贮藏的,应选用果实充分膨大成熟、果面有光泽、果实由绿开始变深、果肉厚而坚硬、干物质含量高的青色椒果为宜。不宜采收红熟椒,这种椒很快变成深红色并变软,贮藏寿命短;也不要采收未成熟的嫩椒,这种椒含水量多、干物质少,贮存期间易脱水萎蔫、耐贮性差。不同季节采收的辣椒耐贮性差异较大。夏季高温多雨,田间带菌多,贮运中易腐烂;秋季凉爽,辣椒耐贮性较好,但必须在霜前采收,遭受霜打的辣椒,不耐贮藏。

采摘果的方式为手托果实,捏住果柄往上掰,带柄采下。不能用手拽,防止伤及果肉与胎座。夏季采收果实,宜在晴天的早晨或傍晚气温较低无露水时进行,此时果实温度较低,果实本身带的田间热量少,有利于采收后贮存。由于辣椒果柄比较粗硬,为防止机械创伤,也可用剪子或刀片将果柄剪断或切断,减少手摘造成的果实损伤。带果柄采收的主要目的是保鲜和防病,但所带果柄也不要太长,避免在搬运过程中刺破果皮,适宜的果柄长度为 1～2 厘米。采收要精细,避免摔、砸、压、碰撞以及因扭摘用力造成的损伤。

3. 待贮藏辣椒采收后如何进行预处理?

(1)**挑选** 采摘的辣椒要进行选果,选择无伤、无病虫害、果皮坚实、颜色黑绿、有光泽、成熟度适中、无花脸、不红不嫩的果实。

(2)**预冷** 通过预冷能尽快除去果实携带的田间热,使果实温度迅速降至接近要求的贮藏低温,从而有效地控制果实生理活性,减缓呼吸代谢强度,保持果实新鲜质地,提高耐贮性。在产地采收后立进行预冷,果实可摊置室内,荫棚内或库内的阴凉通风处,利用自然空气对流,也可强制通风对流,自然降温,有条件的也可在冷却库内适当降低库温。

(3)**杀菌处理** 为防止或减轻贮藏时果实腐烂,对于入选贮藏的果实要进行贮前的药物杀菌处理。用70%甲基硫菌灵可湿性粉剂1000倍液,或50%多菌灵可湿性粉剂800倍液等药剂喷洒果实,最好在采收后3天内喷洒,效果显著。

(4)**避免机械损伤** 在挑选和装运过程中最好轻拿轻放,注意避免机械损伤。在放入贮藏专用的周转木箱、塑料箱、纸箱时,箱内应衬纸或塑料袋,果与果摆放要适度紧密,但不要用手硬塞,避免挤压造成损伤。

(5)**贮藏场所消毒** 在贮藏前,贮藏场所要彻底清扫,尤其是贮藏过蔬菜或水果的老库房,要进行药剂消毒。消毒多用熏蒸法,也可用化学杀菌剂喷雾。可用5%来苏儿水或2.9%甲醛熏蒸,也可用硫磺粉熏蒸,硫磺粉用量为每立方米5~10克,密闭熏蒸24小时后,通风排尽残药。也可用0.1%~0.5%漂白粉,或5%过氧乙酸溶液喷洒消毒。

4. 辣椒如何进行窖贮?

窖贮在各地应用较多,可根据季节或昼夜之间的温差,灵活掌握通风时间及通风量,借以调控和维持适宜的温湿度条件。此法投资少、收益大、简单易行,一般农户均可做到。

选择地势较高的地块掘窖,窖深1~1.5米、宽2.5~3米,长度因贮量而定,较寒冷的地区可将窖深掘成2~3米,四壁拍结实,窖顶用木材、秸秆做成棚盖,棚盖及四周用草帘等覆盖。长窖除设窖门外,窖顶上间隔 1.5～2 米应设 1 个通气孔,以便调控窖内贮藏环境条件。窖底再放入若干块砖或砂土垫底。窖口用塑料膜或芦苇席遮盖好,防止雨淋和辣椒受冻害。每窖贮藏量可根据窖的大小而定。在筐的底部和四周铺上糙纸,有保鲜、保温、吸湿和防腐等作用。适合贮藏要求的辣椒入筐,每筐的中上部放入0.75 千克载体,该载体是用高锰酸钾饱和溶液浸过的砖头,以便吸收和吸附辣椒产生的乙烯,辣椒装满后再在顶部盖一层糙纸。筐间要留 8～10 厘米的间隙,高度不超过 3 层。贮藏要求条件如下。

第一,温度以 8℃～9℃为宜,根据气候的变化打开或关闭气孔、窖门,加盖保温物等进行调节。

第二,空气相对湿度以 85％～90％为宜,地窖内的自然湿度基本满足,不需喷水。

第三,防止腐烂。每隔 10 天检查 1 次,同时更换载体,如有烂果、坏果、红果、失水皱缩果等不良果实及时挑出处理或上市。利用上述贮存方法辣椒可以贮存到元旦或春节。

5. 辣椒如何进行室内筐贮?

室内筐贮法是先在筐内衬上用 0.1％～0.5％的漂白粉溶液浸泡过的蒲包片,消毒后应将水沥至半干,铺衬于干净的筐内,或衬上干净的薄膜。然后将辣椒一层层码入筐内,八成满即可,要使铺衬物能从上部将辣椒包裹起来,借以保湿,使筐内相对湿度保持在 90％左右。一切操作都要小心轻巧,避免机械损伤。将筐摆放在空屋内,也可摆放在菜窖内,垛码成品字形,便于通风。温度保持 8℃～9℃。如湿度过大,可揭开覆盖的蒲包片,适当通风。贮藏期间要 7～10 天倒筐 1 次,进行挑选和检查,把果柄伤口处或萼片已经变色、果肉出现小毛病等不宜继续贮藏的果实挑出来,把已经腐烂和受到腐烂果沾污的果实全部剔除。接触烂果的果实虽不腐烂,但也不能继续贮藏。此法较经济,效果亦好,在北方地区普遍采用。

6. 辣椒如何进行沟藏？

在华北、西北、东北等地区在秋冬季节多选择沟藏。选择地势高燥处挖东西长的贮藏沟，一般宽 1 米，深 1～2 米，以越过当地最大冻土层为宜，长度不限，以贮量而定。入贮前在沟底铺一层 5～6 厘米的沙子或秋秸。将甜椒果柄朝上码于沟中，撒一层沙子（以盖严实为度），然后码一层甜椒撒一层沙子，这样可码 3～4 层或 4～5 层，层积厚度不超过 60 厘米，顶层覆盖 5～6 厘米厚沙子、秋秸，再盖上草帘，以便于调温。也可装筐贮藏，将甜椒装筐八成满，埋于沟中，盖上蒲包，覆盖沙子、秋秸和草苫。入贮前期注意防热，白天盖好草苫，以免日照使沟内增温；夜间揭开草帘通风换气，使沟温维持在 9℃～11℃。后期要注意防寒，夜间不再揭开草苫，并适时加厚覆盖物。贮藏前期 10 天左右检查 1 次，发现有转红或烂果随即除去。贮藏期间要注意防雨防雪进入沟内。此法可贮藏 1～2 个月。

7. 辣椒如何进行缸藏？

缸藏也是一种简易而经济的贮藏方法，适合数量不大或产销之间临时周转性的短期贮藏。贮前将缸内外洗净，用 0.1％～0.5％漂白粉溶液将缸消毒。在缸底部放 10 厘米厚的草木灰，距草木灰 6 厘米处架一秋秸算子，将备贮的甜椒果柄朝上，一层层地码放在算子上，码到离缸口 7～10 厘米即可，用结实的纸将缸口封好，使甜椒基本上脱离了外界空气的影响。封缸后将缸放在阴凉处或棚子里，7～10 天倒 1 次缸，在检查时还可将缸内二氧化碳、乙烯等有害气体排出缸外。天气转冷可覆盖草苫保温。

8. 辣椒如何进行冷库气调贮藏？

机械冷藏控温效果好，贮量大，贮存质量好，但投资大些。入贮前先对库房进行清扫、消毒，库温应降到 10℃左右备贮。在机械制冷的冷藏库中采用气调贮藏，更有利于推迟辣椒的后熟从而提高贮藏效果。保鲜膜小袋包装气调贮藏，简便易行，在冷库贮藏中普遍采用。这种塑料膜袋能透过一定量的氧和二氧化碳，袋的规格为 30 厘米×40 厘米，每袋可装辣椒 1～1.5 千克。将经预处理的辣椒装入袋中，扎紧袋口即可，装筐或码放在冷库的架上，一般码 3～4 层，过高则下层易受挤压而伤果，影响贮藏。码放好后将库温调至 8℃～10℃。1 个月左右检查 1 次，发现不良变化及时处理。在冷库中贮藏，还应控制好环境中的氧与二氧化碳气体的比例，氧气浓度 3％～6％，二氧化碳浓度 2％～3％比较适宜。可贮藏 2 个月左右。